Aus Natur und Geisteswelt
Sammlung wissenschaftlich=gemeinverständlicher Darstellungen

541. Band

Einführung
in die
Darstellende Geometrie

Von

Prof. P. B. Fischer
in Berlin=Lichterfelde

Mit 59 Figuren im Text

Springer Fachmedien Wiesbaden GmbH 1921

Vorwort.

Der vorliegende Band der Sammlung will vom mathematischen Standpunkt aus in die Grundlehren der darstellenden Geometrie einführen und hofft, auch für Schüler der technischen und höheren Lehranstalten ein brauchbares Hilfsbüchlein zu werden. Eingehendere Studien in größeren Werken will es vorbereiten und wird so auch Studierenden an technischen Hochschulen ein Wegweiser sein können. Besonders zugeschnitten ist das Bändchen seiner Anlage nach für das Selbststudium, indem der gebotene Stoff an der Hand von Aufgaben behandelt wird. Der leider nur in geringem Maß zur Verfügung stehende Raum brachte es mit sich, daß die Darstellung etwas knapp gehalten wurde. Wenn das für den Anfänger ein bloßes Durchlesen ausschließt, so ist das hoffentlich kein Schade, ebensowenig, wie wenn er die oder jene fehlende Figur sich an der Hand der Entwicklung wird selbst herstellen müssen. Überhaupt kann dem Anfänger nur dringend geraten werden, alles nachzuzeichnen, auch einmal in anderen Lageverhältnissen wie vielleicht angegeben. Für die praktische Ausführung der Zeichnungen wird der Abschnitt in der Einleitung willkommen sein. Der Ausbildung der Raumanschauung wird es zweifellos förderlich sein, wenn in einem ersten Teil zunächst die Projektionen auf nur eine Ebene behandelt werden; außerdem bereitet diese Behandlung der Grundaufgaben in bester Weise auf das Mongesche Zweitafelverfahren vor, das dann im zweiten Teil behandelt wird. Ein sorgfältig ausgewähltes Literaturverzeichnis beschließt das Buch.

Berlin-Lichterfelde, Ostern 1921.

P. B. Fischer.

ISBN 978-3-663-15478-5   ISBN 978-3-663-16050-2 (eBook)
DOI 10.1007/978-3-663-16050-2

Schutzformel für die Vereinigten Staaten von Amerika:
Copyright 1921 by Springer Fachmedien Wiesbaden
Ursprünglich erschienen bei B.G. Teubner in Leipzig 1921.

Alle Rechte, einschließlich des Übersetzungsrechts, vorbehalten

Inhaltsverzeichnis.

Einleitung.

	Seite
Die geometrischen Konstruktionsaufgaben	5
Die darstellende Geometrie und ihre geschichtliche Entwicklung	6
Die Projektion, das Grundprinzip der darstellenden Geometrie	8
Zeichenhilfsmittel und Zeichenpraxis	10

I. Darstellende Geometrie bei Verwendung nur einer Projektionstafel.

1. **Der Punkt und die Gerade** ... 14
   Punkt, Strecke, Gerade, sich schneidende und windschiefe Geraden (Regelflächen 2. O.), Graduierung der Geraden. (Aufg. 1—21.)
2. **Ebene Vielecke** ... 20
   Haupt= und Fallinien einer Ebene, orthogonale Winkelprojektionen, das Dreieck, affine Lage von Dreiecken, Affinität und Perspektivität ebener Figuren, ebene Schnitte von Prismen, Pyramiden, Zylindern und Kegeln, Kegelschnitte. (Aufg. 22—34.)
3. **Aufgaben über die Ebene** ... 28
   Darstellung der Ebene, die Ebene und in ihr liegende Punkte und Geraden, Neigungen von Ebenen und in ihnen liegenden Geraden gegen die Horizontalebene, besondere Lagen von Ebenen, Aufgaben über Ebenen und sie schneidende Geraden, Lote auf Ebenen, rechtwinklige Achsenkreuze in senkrechter Projektion, mehrere Ebenen, Neigungswinkel zweier Ebenen, kürzester Abstand zweier windschiefen Geraden. (Aufg. 35—58.)
4. **Dreikantkonstruktionen** ... 36
   Die verschiedenen Fälle, die drei Grundaufgaben, Anwendung auf die Nautik. (Aufg. 59—62.)
5. **Körperdarstellungen mit einem Ausblick auf Durchdringungen, Schattenkonstruktionen und schiefe Parallelprojektion** ... 41
   Würfel und Quader, Körper, die sich aus dem Würfel ableiten lassen, rechtwinklige Axonometrie, Durchdringungen, Schattenkonstruktionen, schiefe Parallelprojektion und allgemeine Axonometrie (Pohlkescher Satz). (Aufg. 63—75.)
6. **Zentralprojektion** ... 46
   Darstellung des Punktes, der Geraden und der Ebene, Grundaufgaben (ohne Auge), Maßaufgaben (mit Auge). (Aufg. 76—85.)

II. Die Mongesche Zweitafelmethode.

7. **Der Punkt und die Gerade** 52
   Erklärung der Zweitafelmethode, der Punkt, die Strecke, die Gerade, besondere Lagen der Geraden, Lote auf Geraden, Neigungen von Geraden gegen die Tafelebenen, sich schneidende Geraden, Durchdringungen, parallele und windschiefe Geraden. (Aufg. 86—108.)

8. **Die Ebene, bestimmt durch Haupt- und Fallinien** 62
   Darstellung der Ebene durch diese Linien, Grundaufgaben über die Ebene, mehrere Ebenen. (Aufg. 109—130.)

9. **Die Ebene, bestimmt durch ihre Spurgeraden** 67
   Horizontal- und Vertikalspur einer Ebene, ebene Figuren, Neigungen einer Ebene gegen die Tafelebenen, mehrere Ebenen, Gerade und Ebene. (Aufg. 131—147.)

10. **Projektionshilfsebenen** 71
    Erklärung des Umprojizierens, Anwendung auf die Bestimmung des kürzesten Abstands zweier windschiefen Geraden, Bestimmung der Projektionsstrahlen, Umprojizieren auf eine gegebene Ebene. (Aufg. 148—152.)

11. **Schiefwinklige Parallelprojektion, Axonometrie** 75
    Erklärung und mehrfache Darstellung eines hausähnlichen Gebildes.

12. **Ebene Schnitte** 78
    Prismen-, Zylinder-, Pyramiden- und Kegelschnitte. (Aufg. 153 bis 158c.)

13. **Durchdringungen und Schatten** 81
    Schnitte von Geraden mit Körpern, Durchdringungen von Körpern, Rotationsflächen, Schattenaufgaben. (Aufg. 159—182.)

Anhang: Literaturangaben 91

Einleitung.

Die geometrischen Konstruktionsaufgaben. Von grundlegender Bedeutung für die ganze Geometrie sind die Konstruktionsaufgaben, im besonderen erst recht für die darstellende Geometrie, die körperliche (geometrische) Dinge zeichnerisch darstellen will. Sehen wir zunächst von der darstellenden Geometrie ab, so besteht ein wesentlicher Unterschied zwischen den planimetrischen und stereometrischen Konstruktionsaufgaben hinsichtlich ihrer Ausführung. In der Planimetrie führt man die Konstruktionsaufgabe mit Hilfe von Lineal und Zirkel wirklich aus; man verbindet Punkte miteinander durch Geraden, bringt Geraden zum Schnitt, schlägt Kreise usw. Es wird also tatsächlich konstruiert, man bleibt (bei endlicher Anzahl der Einzelkonstruktionen!) stets im Bereich des wirklich Ausführbaren. In der Stereometrie dagegen stößt man sofort auf die größten Schwierigkeiten, wollte man da ebenso vorgehen. Wohl könnte man sich irgendwie Punkte im Raum sichtbar darstellen und sie vielleicht auch noch durch Geraden (straffe Fäden) verbinden, aber schon deren beliebige Verlängerung würde auf Schwierigkeiten stoßen. Auch eine Darstellung der Ebenen ist noch angängig (Papier- oder Pappblätter), aber solche miteinander oder mit Geraden zum Schnitt zu bringen, führt wieder zu Schwierigkeiten; ähnlich wird es, wenn wir beliebige Kugelflächen schlagen sollen usw. Man kann eben dem direkten Zeichnen in der Ebene nichts Entsprechendes im Raum an die Seite setzen, mit anderen Worten: **Man kann nicht räumlich zeichnen.**

Und doch spricht man von stereometrischen Konstruktionsaufgaben, und doch sind sie gerade von der größten Bedeutung für die Ausbildung der geometrischen Raumvorstellung. Wie hilft man sich nun, um die genannten Schwierigkeiten einer tatsächlichen Konstruktion im Raum zu umgehen? Auf die einfachste Weise! Man konstruiert im Geist! Man nimmt an, daß die stereometrischen Grundaufgaben ausführbar sind, daß man also durch drei Punkte (oder durch einen

Punkt und eine Gerade, durch zwei sich schneidende Geraden oder zwei Parallelen) eine Ebene legen kann, daß sich eine Ebene mit einer andern zum Schnitt bringen läßt, ebenso eine Gerade mit einer Ebene, daß sich ferner um einen Punkt eine Kugelfläche schlagen läßt. Eine stereometrische Konstruktionsaufgabe gilt dann als gelöst, wenn man mit Hilfe dieser stereometrischen Grundaufgaben die Gesamtkonstruktion auf solche in Ebenen, also auf ausführbare Konstruktionen zurückgeführt hat.

Um dies näher zu erläutern, sei die Lösung einer einfachen stereometrischen Konstruktionsaufgabe angeführt, das Fällen eines Lotes von einem Punkt P auf eine Ebene E: Man lege durch P eine beliebige Ebene E_1, die E in einer Geraden g_1 schneidet; in E_1 fälle man von P auf g_1 das Lot l_1, der Fußpunkt heiße F_1, in F_1 errichte man auf g_1 in E das Lot l_2 und fälle in der durch P und l_2 bestimmten Ebene E_2 das Lot l von P auf l_2, das dann das gesuchte Lot ist.

Die darstellende Geometrie. Mit den eben entwickelten rein theoretischen Lösungen stereometrischer Konstruktionsaufgaben kann sich der Mathematiker zufrieden geben, aber dem einfachen Handwerker, dem Baumeister oder Ingenieur ist damit nicht geholfen. Diese mußten die Schwierigkeiten des räumlichen Zeichnens überwinden. Ihnen steht die Ebene ihres Reißbretts als einzige Zeichenebene zur Verfügung, in der alles Notwendige ausgeführt werden muß. Und das leistet die darstellende Geometrie. Die fertige Zeichnung muß dann folgender Forderung Genüge leisten: sie hat für die Herstellung des zu konstruierenden Gegenstandes (Tisch, Maschine, Gebäude, Kanalanlage usw.) alle nötigen Maße zu liefern. Eine andere Forderung wäre noch, von dem herzustellenden Gegenstand eine bildliche Darstellung (Schaubild) zu geben, denn das wünscht gegebenenfalls der Auftraggeber, und das ist einem teuren Modell vorzuziehen. Durch die so gekennzeichneten Anforderungen an eine technische Konstruktionszeichnung ist zugleich mit den obigen Darlegungen die Aufgabe der darstellenden Geometrie klargestellt, die wir jetzt — dem technischen Gewand entkleidet — rein mathematisch fassen können: die darstellende Geometrie lehrt, räumliche Konstruktionsaufgaben (Darstellung räumlicher Gebilde und Aufgaben über diese) in einer einzigen Ebene, der Zeichenebene, auszuführen; sie führt also stereometrische Konstruktionen auf planimetrische zurück.

Einleitung

Die anzufertigende Zeichnung muß den Beschauer in die Lage versetzen, sich im Geist (und damit natürlich erst recht in Wirklichkeit) ein zum dargestellten Gebilde vollständig kongruentes konstruieren zu können.

Wenn wir hier die darstellende Geometrie rein mathematisch definiert haben, trotzdem praktische Forderungen sie entstehen ließen, so mag das noch ein wenig näher erläutert werden. Es ist — um ein einfaches Beispiel zu wählen — einleuchtend, daß jemand, der ein Prisma mit einer Ebene oder zwei Prismen miteinander zum Schnitt bringen kann, auch die Aufgabe des Zimmermanns zu lösen vermag, zwei oder mehrere prismatische Balken in einer Ecke zu vereinigen, also ihre Formen an der Vereinigungsstelle anzugeben. Ähnlich steht es mit der Darstellung krummer Flächen einerseits und der von Maschinenteilen andererseits. Die Darstellung der einfachsten geometrischen Gebilde ist eben die Grundlage für all das, was die Praxis in ihren Aufgaben von uns fordert. Wer sich genügend Übung in der darstellenden Geometrie angeeignet hat, wird sich unschwer in die Darstellungsweise der Techniker finden und die technischen Zeichnungen verstehen können. In diesem Sinne spricht man auch von der darstellenden Geometrie als der Weltsprache der Ingenieure.

Die geschichtliche Entwicklung der darstellenden Geometrie. In ihren einfachsten Methoden ist die darstellende Geometrie schon sehr alt, denn die oben angedeuteten praktischen Aufgaben forderten eben stets eine Lösung. So sind manche Dokumente vorhanden, die zeigen, daß die alten Kulturvölker ihren mächtigen Bauten sorgfältige Pläne zugrunde gelegt haben. Aber immer blieben diese Fertigkeiten je nach der Art der Aufgabe Einzelkünste; sie wurden nur für die besonderen Zwecke ausgebildet und meist geheimgehalten, wie zum Beispiel in den Zunfttraditionen der „Bauhütten". Der Meister übermittelte seine Kenntnisse dem Lehrling, der Lehrer dem Schüler und nur gerade so viel, wie eben gebraucht wurde. Dem deutschen Maler Albrecht Dürer[1] verdanken wir die erste Sammlung solcher Methoden der darstellenden Geometrie in seiner „Unterweisung".

Die erste wissenschaftliche Behandlung (unter Ausschluß der Perspektive) der darstellenden Geometrie, also eine methodische Zusammen

---

[1] Siehe bei diesen fortlaufenden Nummern die Literaturangaben im Anhang.

stellung ihrer Lösungsverfahren, rührt von Gaspard Monge her. Seine Schrift „Géométrie descriptive" gehört heute noch zu den lesenswertesten Büchern³) über darstellende Geometrie wegen ihrer großen Klarheit in der Darstellung und der Einfachheit der Beweise. Auch Monge durfte als Lehrer an einer französischen militärischen Genieschule (1765—1783 in Mézières) die Ergebnisse seiner Studien zunächst nicht veröffentlichen, und erst die Französische Revolution brachte es mit sich, daß Monge 1795 seine darstellende Geometrie veröffentlichen konnte. Die Methoden von Monge werden in der Hauptsache heute noch verwendet, außer daß vielleicht die gerade zu Monges Zeiten erst entstehende Geometrie der Lage im Laufe des 19. Jahrhunderts Vereinfachungen brachte.

Heute geht der Anwendungsbereich der darstellenden Geometrie weit über das hinaus, was wir oben andeuteten und was zu Monges Zeiten damit geleistet wurde. Das ist auch gar nicht verwunderlich, wenn wir den ungeheuren Aufschwung der technischen Wissenschaften seit jener Zeit bedenken. Wir wollen hier nur auf eines hinweisen, worin gerade in der letzten Zeit gewaltige Fortschritte gemacht wurden; wir meinen die Photogrammetrie, die aus photographischen (Flieger-)Aufnahmen des Erdbodens dessen wahre Gestalt zu rekonstruieren gestattet.

Die Projektion, das Grundprinzip der darstellenden Geometrie. In Handwerkerkreisen weiß man nichts von darstellender Geometrie, und doch wird sie dort in ihren einfachsten Methoden sehr gebraucht. Man findet sie da unter dem Namen „Projektionszeichnen". Darin offenbart sich schon das Grundprinzip unserer Wissenschaft.

Unter der Projektion eines Punktes auf eine Ebene versteht man den Durchstichspunkt des durch diesen Punkt verlaufenden Projektionsstrahls mit dieser Ebene, die dann Projektionsebene heißt.

Soll ein geometrisches Gebilde auf eine Ebene projiziert werden, so muß zunächst irgendwie bestimmt werden, in welcher Weise der zu jedem Punkt notwendige Projektionsstrahl gefunden wird. Das führt zu den verschiedenen Projektionsarten. Gehen alle Projektionsstrahlen von einem bestimmten Punkt, dem Zentrum, aus (Lichtstrahlen einer punktförmigen Lichtquelle), so ist zu jedem Punkt im Raum der zugehörige Projektionsstrahl eindeutig bestimmt. Das ist die sogenannte Zentralprojektion. Unter Parallelprojektion wird man dann sinngemäß den Fall verstehen, wenn die Projektionsstrahlen alle zueinander parallel sind; damit zu jedem Punkt der Projektionsstrahl gefunden werden kann, muß natürlich die Richtung gegeben sein. Unter senkrechter oder rechtwinkliger Projektion im besonderen versteht man den Fall, daß die Projektionsstrahlen senkrecht auf der Projektionsebene stehen; man spricht in diesem Fall auch von normaler oder orthogonaler Projektion.

Hat man vielleicht das Drahtmodell eines Würfels, das ja leicht herzustellen ist, so kann man sich mit dessen Hilfe die eben beschriebenen drei Arten von Projektionen leicht klarmachen. Bringt man ein solches Drahtmodell in den Lichtkegel einer Taschenlampe, so ist das Schattenbild auf irgendeiner hellen ebenen Fläche eine Zentralprojektion des Würfels (die Lichtstrahlen als von einem Punkt ausgehend angenommen!). Um eine Parallelprojektion desselben Würfels zu erhalten, bringen wir den Würfel in die Strahlen der Sonne (diese aber punktförmig gedacht!). Das Schattenbild unseres Würfels auf eine zu den Sonnenstrahlen schiefstehende ebene helle Fläche ist dann eine schiefe Parallelprojektion des Würfels, während sie zur rechtwinkligen wird, sobald die Sonnenstrahlen jene Projektionsebene senkrecht treffen. Wir empfehlen dem Anfänger, sich wirklich solche Drahtmodelle herzustellen, und zwar nicht nur von einfachen Körpern, sondern auch von einfachen geometrischen Gebilden (Gerade, Winkel, Dreiecke, Kreis usw.), um deren Projektionen, also deren Schattenbilder, im Lichtkegel und Sonnenlicht bei den verschiedensten Lagen und in der Bewegung entstehen zu sehen. Das klärt mehr auf als hundert der besten Abbildungen in Büchern.

Bei dieser eben erwähnten Projektionsart durch Schattenbilder — auch die Lichtbildervorführungen sind nichts anderes — liegt der zu projizierende Gegenstand zwischen Projektionszentrum und Projektionsbild. Bei der Camera obscura liegt das Projektionszentrum zwischen Gegenstand und Bild, ebenso beim Photographenapparat und beim Auge, wo ein Bild auf die Netzhaut projiziert wird. Betrachten wir jedoch von unserm Zimmer aus durch ein Fenster ein Gebäude im Freien oder einen Baum, so projizieren wir von unserm Auge aus jenen Gegenstand im Freien auf die Fensterscheibe. Wir könnten unter Umständen mit einem Stift die Linien des Gebäudes oder Baumes auf dem Glase nachziehen, um ein Bild des Gegenstandes im Freien zu erhalten, wie wir es vom Zimmer aus sehen.

Solche Projektionen herzustellen, ist die Aufgabe des Malers. Würde man um sich herum einen großen Glaszylinder gestellt denken, so stellt dann die Projektion der Außenwelt vom Auge aus auf diese Zylinderfläche die Aufgabe des Panoramenmalers dar. In der Projektion räumlicher Gebilde auf krumme Flächen würde man die allgemeinste Art einer Projektion zu erblicken haben, wie sie in der Bemalung von Deckengewölben, Kuppeln stattfindet. Hier haben wir es schon mit einer schwierigeren Anwendung der darstellenden Geometrie zu tun.

Wir werden in diesem Bändchen in der Hauptsache die rechtwinklige (Parallel-) Projektion verwenden, und zwar im ersten Teil eine solche auf nur eine Ebene, die kotierte Projektion, und im zweiten Teile die der Mongeschen Methode, die zwei aufeinander senkrechte Projektionsebenen (= Tafeln) benutzt.

Zeichenhilfsmittel und Zeichenpraxis. Ehe wir uns den Methoden der darstellenden Geometrie selbst zuwenden, sei noch der Praxis des Zeichnens gedacht, denn ebenso wichtig wie das Verständnis der Methoden ist das Zeichnen selbst. Die darstellende Geometrie ist eben eine praktische Wissenschaft, und Zeichenfertigkeit muß mit der Theorie Hand in Hand gehen.

Die notwendigen technischen Hilfsmittel sind: Reißbrett, Zeichenpapier, Reißschiene, Zeichendreiecke, Kurvenlineale, Reißzeug, Bleistift, Tusche, Gummi.

Das Reißbrett sei nicht zu unhandlich, vielleicht so, daß es einen Zeichenbogen von 50 cm × 70 cm fassen kann. Das Holz soll weich sein, damit die Reißstifte oder Reißnägel sich leicht eindrücken lassen. Das Zeichenpapier wähle man leicht körnig und nicht zu dick. Der Einfachheit halber befestigt man den Zeichenbogen meist mit Reißstiften; man lasse aber dabei vom Bogen nichts über den Brettrand herausragen (Schnittwunden beim Entlanggleiten mit der Hand!). Die Nachteile solcher Befestigung zeigen sich einmal im Lockern der Stifte und damit des Bogens, was ein genaues Zeichnen ausschließt; dann aber stören die Reißstifte beim Gebrauche der Reißschiene und der Zeichendreiecke. Man klebt daher besser den Zeichenbogen auf, indem man die eine Seite gleichmäßig mit einem Schwamm anfeuchtet, auf der andern Seite einen knapp 1 cm breiten Rand mit Syndetikon bestreicht und den so behandelten Bogen aufklebt.

Die Reißschiene (Hartholz!) muß so lang sein, daß sie beim Anlegen an die linke Reißbrettseite — anders lege man sie überhaupt nie an, da man sich auf die Rechteckform des Reißbretts nicht verlassen kann — noch etwa handbreit über die rechte Seite hinausragt. Reißschienen mit drehbarem Kopf sind nicht zweckmäßig. Man achte aber darauf, daß das Kopfstück mit der Schiene nicht durch Nägel, sondern durch kleine Schräubchen (möglichst aus Messing) befestigt ist. Die Schiene selbst soll poliert sein, also nicht roh, da sich sonst mit der Zeit Schmutz in den Holzporen festsetzt. Dasselbe gilt auch von den Zeichen- oder Schiebedreiecken (wieder Hartholz!). Ihre Dicke muß mit der der Reißschiene übereinstimmen. Dreiecke aus Zelluloid benutze man nicht; der Vorteil der Durchsichtigkeit überwiegt nicht den Nachteil durch das Aufbiegen der Ecken, außerdem sind sie feuergefährlich. In der Regel genügen zwei solcher Dreiecke, ein gleichschenklig-rechtwinkliges und eins mit Winkeln von 30°, 60° und 90°. Die rechten Winkel der Dreiecke sind nachzuprüfen durch zweimaliges Anlegen an dieselbe Reißschienenseite mit gleichbleibendem Scheitel des rechten Winkels, so daß also die beiden Lagen des Dreiecks symmetrisch zueinander sind.

Hat man die rechten Winkel der Dreiecke nachgeprüft und für genau befunden, so benutze man sie auch beim Zeichnen von rechten Winkeln, aber nicht derart, daß man die eine Kathete an die Gerade anlegt, zu der ein Lot gezogen werden soll, um dann bei unveränderter Lage des Dreiecks an dessen anderer Kathete mit dem Stift entlangzuziehen, denn so erhält man den Scheitel des rechten Winkels nie genau. Man verschiebe vielmehr, nachdem man das Dreieck mit der einen Kathete an die Gerade angelegt hat, dieses Dreieck längs seiner Hypotenuse am andern Dreieck oder an der Reißschiene und benutze zum Ziehen der Senkrechten die zweite Kathete in der verschobenen Lage. Dies kann man noch variieren, indem man das so verschobene Dreieck auf die andere Seite legt, und zwar so, daß die Schenkel desjenigen spitzen Winkels vertauscht werden, von dem der eine Schenkel senkrecht zur gegebenen Geraden liegt; man erhält dadurch oft günstigere Lagebeziehungen. Das muß aber geübt werden!

Das Reißzeug enthalte zunächst einen Stechzirkel zum Abgreifen von Strecken. Dann sei ein Einsatzzirkel vorhanden für den Bleistift- und für den Ziehfedereinsatz. Außerdem sei eine Reißfeder mit festem Griff vorhanden, letzterer aus Metall oder Holz. Für technische Zwecke braucht man noch einen Nullenzirkel, um wichtige Punkte hervorheben zu können. Oft empfiehlt sich auch ein Einsatzstück für den Zirkel, um den Schenkel verlängern zu können. Auf weitere Stücke kann man verzichten. Es braucht wohl nicht noch besonders hervorgehoben zu werden, daß peinlichste Sorgfalt im Gebrauch des Reißzeugs anzuraten ist. Um die Spitzen zu schonen, stecke man auf sie ein Stückchen Kork; die Reißfedern reinige man stets nach Gebrauch und bewahre sie entspannt auf.

Die Tusche sei tiefschwarz und leichtflüssig; der fertig ausgezogene Bogen muß unter Umständen eine kräftige Wäsche zwecks Säuberung vertragen! Man probiere stets erst die gefüllte Reißfeder auf einem Stück Papier von derselben Art des Zeichenbogens; man setze sorgfältig am Zeichendreieck an und führe die Reißfeder in einer senkrechten Ebene zum Reißbrett etwa unter einem Winkel von 80° gegen die Ziehrichtung. Hilfslinien werden kurz und dünn gestrichelt, nicht punktiert, denn das erfordert zuviel Übung. Gleichartige Linien müssen durchweg von derselben Stärke sein. Die Hilfslinien dürfen nie besonders hervortreten; deswegen deutet man oft nur ihre Schnittpunkte an. Sind mehrere Einzelkonstruktionen derselben Art ausgeführt, so deutet man nur eine davon durch die Hilfslinien an. Will man bei einer Geraden sichtbare und unsichtbare Teile unterscheiden, so zieht man erstere aus, während man die nicht sichtbaren Stücke in derselben Stärke strichelt, aber mit längeren Strichen wie bei den Hilfslinien.

Das Ausziehen von Kurven mit Hilfe von Kurvenlinealen will ehr geübt sein. Für den Anfang zeichne man die Kurve sehr genau und sauber zunächst mit Bleistift, ehe man sie am Kurvenlineal mit Tusche nachzieht. Erst wenn man größere Übung hat, genügen einige wichtige Punkte der Kurven bereits zum Zeichnen mit der Reißfeder am Kurvenlineal.

Schließlich noch ein paar Worte zu Bleistift und Gummi! Man wähle nicht zu weiche Stifte, weil da die Linien leicht zu stark werden, was die Zeichnung verschmiert. Zu harte Stifte geben zu dünne Linien und bei stärkerem Aufdrücken zu starke Eindrücke ins Papier (also wirkliche „Risse"). Für den Anfang nehme man Stifte in der Stärke von Faber Nr. 3. Auf eine gute Spitze des Stiftes ist natürlich großer Wert zu legen; Techniker lieben es, der Spitze eine Keilform zu geben, aber das Gewöhnliche ist wohl die Kegelform. Beim Anspitzen lege man den Kegel der Bleistiftspitze mit einer feinen Mantellinien auf die Tischebene; dadurch erreicht man ein weniger oft eintretendes Abbrechen während des Anspitzens. Auch der Gummi ist nicht ganz Nebensache, besonders wenn es sich um Radierungen von Tusche handelt. Da empfiehlt sich ein sogenannter Tuschgummi neben dem gewöhnlichen Gummi. Ausgezogene Linien mit dem Messer zu radieren erfordert die größte Sorgfalt!

Wegen der Beschriftung der Zeichnungen gewöhne man sich eine der Druckschrift ähnliche an und bezeichne Geraden durch kleine lateinische Buchstaben, Punkte durch große lateinische Buchstaben, Winkel durch kleine griechische Buchstaben und Ebenen durch große griechische Buchstaben.

Von großer Wichtigkeit für das praktische Zeichnen ist noch die Genauigkeit des Zeichnens. Zunächst darf eine mit Bleistift gezogene Gerade kein Parallelstreifen sein, d. h. der Strich muß so dünn wie möglich sein, denn zwei solcher Parallelstreifen schneiden sich nicht in einem Punkt, sondern in einem Parallelogramm; Ähnliches gilt von krummen Linien. Ferner benutze man zur Festlegung eines Punktes nie Geraden, die sich unter einem sehr spitzen Winkel schneiden; jenes „Fehlerparallelogramm" wird dann recht lang, selbst bei sehr dünnen Linien.

Zuweilen kommt es vor, daß der Schnittpunkt zweier Geraden gebraucht wird, die sich außerhalb des Zeichenbrettes schneiden. Da muß man gewisse Kniffe anwenden, die sich aus einfachen geometrischen Sätzen ergeben. Wir deuten nur einen solchen Fall an. Zwei Geraden a und b sind gegeben, und es wird durch einen gegebenen Punkt P eine dritte Gerade nach dem unzugänglichen Schnittpunkt von a und b gesucht. Man richtet es so ein, daß P Höhendurchschnittspunkt in einem Dreieck wird, von dem a und b Seiten sind; zu dem Zweck fällt man von P auf a und b Lote h_a und h_b und verbindet den Schnittpunkt von a und h_b mit dem von b mit h_a durch c. Dann ist das Lot von P auf c die gesuchte Gerade. Solcher Konstruktionen gibt es sehr viele, und man muß sie je nach den vorhandenen Lageverhältnissen zu verwenden wissen. Wir verweisen da auf die außerordentlich lesenswerte Schrift von P. Zühlke[3]).

I. Darstellende Geometrie bei Verwendung nur einer Projektionstafel.

1. Der Punkt und die Gerade.

Alle Punkte eines Projektionsstrahls haben als Projektion auf eine Projektionsebene ein und denselben Punkt, nämlich den Durchstichspunkt des Strahls mit jener Ebene. Daraus folgt, daß man wohl zu jedem Punkt im Raum seine Projektion finden kann, aber nicht rückwärts zur Projektion den projizierten Punkt. Es muß also, um das zu ermöglichen, noch eine Bestimmung hinzutreten. Da wir uns hier zunächst nur mit der senkrechten Projektion beschäftigen, geschieht diese Zusatzbestimmung am besten durch Hinzufügung der Entfernung des Punktes von der Projektionsebene. $P'(p)$ in der Projektionsebene soll nun die Projektion eines Punktes P im Raum darstellen, der um die Strecke p von der Projektionsebene — die wir im folgenden immer mit Π bezeichnen — entfernt ist und senkrecht über P' zu Π liegt. Will man noch die beiden Raumteile zu jeder Seite von Π unterscheiden, so rechnet man die Entfernung p (auch Höhe oder Kote*) genannt, wenn Π horizontal gedacht wird) positiv oder negativ, je nachdem der Beschauer sich mit P auf derselben Seite von Π befindet oder nicht. Damit ist jedem Punkt P im Raum ein bestimmtes $P'(p)$ zugeordnet, und umgekehrt gehört zu jedem $P'(p)$ in Π ein bestimmter Punkt P im Raum. Wir sagen absichtlich nicht, zu dem Punkt P im Raum ist ein bestimmter Punkt P' in Π zugeordnet, sondern ein Etwas, das aus dem Punkt P' im Verein mit der näheren Bezeichnung p besteht, also eben ein bestimmtes $P'(p)$. Man sagt, die Punkte P im Raum sind den Begriffen $P'(p)$ in Π eindeutig umkehrbar oder eindeutig zugeordnet, mit andern Worten, der ganze Raum der P ist auf die Ebene der $P'(p)$ abgebildet worden. Das erst ermöglicht uns, jeder Punktmenge im Raum etwas Entsprechendes in Π an die Seite zu setzen und umgekehrt aus der Projektion heraus das räumliche Gebilde vollkommen eindeutig zu rekonstruieren. Inwiefern uns diese Überlegung gestattet, räumliche Konstruktionen durch solche in der einen Projektionsebene Π zu

---

*) Daher auch der Name „Kotierte Projektion", wenn es sich wie hier um rechtwinklige Projektion auf nur eine Ebene handelt.

1. Der Punkt und die Gerade

ersetzen, wollen wir im folgenden sehen; das war ja die Hauptaufgabe der darstellenden Geometrie. Eine solche ebene Darstellung von räumlichen Punktgebilden verwendet man bei der **Geländeaufnahme**[4]). Man denkt sich alle Punkte von derselben Höhe (etwa über dem Meeresspiegel) durch eine Linie verbunden. Das ist dann, wenn man von der Kugelgestalt der Erde absieht, eine ebene Kurve, deren Projektion auf die Horizontalebene eine dazu kongruente Kurve liefert. Denkt man sich jetzt im Gelände etwa alle jene Höhenkurven von fünf zu fünf Metern gezeichnet, so gibt die Projektion aller Höhenkurven ein gutes Bild von der räumlichen Beschaffenheit des Geländes. Dort, wo sie eng aneinander liegen, hat man ein starkes Gefälle und dort, wo sie weiter auseinander liegen, ein weniger starkes Gefälle. Jetzt könnte man vielleicht in der so entstandenen Geländeaufnahme einen Weg einzeichnen, der immer dieselbe Steigung hat, indem man von einem bestimmten Ausgangspunkt aus immer dieselbe Strecke bis zur nächsten Höhenlinie einträgt. Man überlege sich, wie man einen solchen Weg (natürlich nur als eine Linie) von bestimmter konstanter Steigung konstruiert!

Die Strecke. Denken wir uns in der obigen Weise zwei Punkte P_1 und P_2 im Raum durch ihre $P_1'(p_1')$ und $P_2'(p_2')$ in Π dargestellt, so haben wir in $P_1 P_2 P_1' P_2'$ ein Trapez, das durch die Strecken $P_1 P_1' = p_1$, $P_2 P_2' = p_2$ und $P_1' P_2'$, außerdem durch die rechten Winkel bei P_1' und P_2' vollständig bestimmt ist, also um $P_1' P_2'$ in Π umgelegt konstruiert werden kann. Zugleich mit dem Trapez hat man auch die wahre Länge von $P_1 P_2$ gefunden; ebenso gibt dann die Umlegung in der Neigung von $P_1 P_2$ gegen $P_1' P_2'$ die Neigung der dargestellten Strecke gegen Π. Bei großen Längen von p_1 und p_2 wird man sich damit begnügen, ein rechtwinkliges Dreieck zu konstruieren, dessen eine Kathete $P_1' P_2'$ ist, während die andere Kathete durch $p_1 - p_2$ dargestellt wird, falls $p_1 > p_2$. Die Hypotenuse ist dann die wahre Länge von $P_1 P_2$. Man übe auch den Fall, wo P_1 und P_2 auf verschiedenen Seiten von Π liegen. Damit hat man die Aufgabe erledigt, [1] die wahre Länge einer Strecke zu finden und deren Neigung gegen Π. Eine zweite Aufgabe, die man jetzt sofort lösen könnte, wäre: [2] Man soll die wahre Größe eines Dreiecks $P_1 P_2 P_3$ konstruieren, von dem $P_1'(p_1)$, $P_2'(p_2)$, $P_3'(p_3)$ gegeben ist.

Die Gerade. Bei der Darstellung der Strecke haben wir ohne weiteres vorausgesetzt, daß die Projektion einer Geraden wieder eine

Gerade ist. Man erkennt dies so: Projiziert man jeden einzelnen Punkt einer Geraden auf Π, so liegen alle Projektionsstrahlen in einer Ebene, deren Schnitt mit Π wieder eine Gerade ist. Kennt man zwei Punkte der zu projizierenden Geraden, so würde ihre Darstellung auf [1] zurückgeführt sein. Wir wollen im folgenden immer nur den Teil der Geraden (bezeichnet durch g) darstellen, der mit dem Beschauer auf derselben Seite von Π liegt und kurz reden von dem Teil von g, der oberhalb Π liegt; die Projektion von g auf Π sei g', ihren Schnittpunkt mit g nennen wir den Spurpunkt oder auch nur die Spur von g. Die Umlegung in Π von $\angle gg'$ (Neigungswinkel von g gegen Π) um g' bezeichnen wir durch $\angle (g)g'$. Überhaupt werden wir in Zukunft immer die Umlegung eines Punktes P oder einer Geraden g um die zugehörige Projektion hinein in Π durch Einklammern ausdrücken: (P), (g). Eine Gerade g im Raum ist stets bestimmt durch g' und (g), ihre Spur durch deren Schnittpunkt: $g' \mid (g)$. Eine parallele Gerade g zu Π wird dann dargestellt durch zwei parallele Geraden g' und (g) in Π, während eine Senkrechte g zu Π nur durch einen Punkt in Π mit der Bezeichnung g' gekennzeichnet wird.*) Jetzt sind wir imstande folgende Aufgaben zu lösen:

[3] Gegeben ist eine Gerade g durch g' und (g), gesucht wird der Punkt P auf g, dessen Höhe gleich einer gegebenen Entfernung p ist. Man sucht auf (g) den Punkt (P), der von g' die Entfernung p hat. Damit ist zugleich die Frage gelöst, wann ein Punkt P auf einer Geraden g liegt, oder wie man sich auch ausdrückt, wann P mit g vereinigt (inzident) liegt.

[4] Auf einer Geraden g soll von einem gegebenen Punkt P aus eine gegebene Strecke s abgetragen werden. Die Abtragung geschieht in Π auf (g) von (P) aus. (Zwei Lösungen!)

[5] Durch einen gegebenen Punkt P soll zu einer gegebenen Geraden g die Parallele gezogen werden. Man sucht zunächst den Punkt Q auf g, der mit P dieselbe Höhe p hat; dann zeichnet man zu dem von g', (g) und p gebildeten Dreieck ein kongruentes, das mit dem Scheitel des rechten Winkels bei P' liegt, und dessen Seiten zu denen des ersteren parallel und gleichgerichtet sind. Damit hat man auch

---

*) Sind in einer Aufgabe mehrere Punkte gegeben und ebenso mehrere Geraden, so wird man die Höhen und Neigungswinkel besser in einer Nebenfigur durch einen Höhenmaßstab und ein Winkelfeld angeben.

1. Der Punkt und die Gerade

die Aufgabe gelöst, [6] durch einen Punkt P eine Gerade g zu legen von gegebener Neigung α gegen Π, so daß g' parallel zu einer in Π gelegenen Geraden l ist. (Zwei Lösungen!)

[7] Von einem Punkt P soll auf eine Gerade g das Lot gefällt werden. Denkt man sich von P auf die durch g und g' bestimmte und zu Π senkrechte Ebene, sie sei durch (gg') bezeichnet, das Lot gefällt (Fußpunkt F) und von F in (gg') wieder das Lot auf g (Fußpunkt G), so ist PG das gesuchte Lot l. Hierbei ist F' (Fig. 1) der Fußpunkt des Lotes von P' auf g'; (F) findet man durch die gegebene Höhe p von P. Das Lot von F auf g wird in der Umlegung gezeichnet. Die wahre Länge von l findet man dann als Hypotenuse in einem rechtwinkligen Dreieck mit den Katheten $P'F'$ und $(F)(G)$. Diese Aufgabe gestattet dann die Lösung der folgenden:

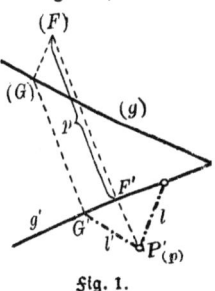

Fig. 1.

[8] Durch einen Punkt P ist eine Gerade zu legen, die eine gegebene Gerade g unter einem gegebenen Winkel α schneidet. Sei X der gesuchte Schnittpunkt und G der Fußpunkt des Lotes von P auf g, so ist von dem rechtwinkligen Dreieck $PGX \measuredangle PXG$ gegeben; die Seite PG findet man nach [7], so daß GX konstruiert werden kann und [8] auf [4] zurückgeführt ist. (Zwei Lösungen!)

Sich schneidende und windschiefe Geraden. Sollen sich zwei Geraden g und h im Raum schneiden, so müssen sie einen Punkt, ihren Schnittpunkt S, gemein haben, das heißt der Schnittpunkt S' von g' und h' muß für beide Geraden dieselbe Höhe aufweisen. Errichtet man also in S' auf g' und auf h' Lote, so müssen diese (g) und (h) in Punkten schneiden, die von S' gleichweit entfernt sind. Ist das nicht der Fall, so stellen die beiden Geraden windschiefe oder sich kreuzende Geraden dar. Damit sind die beiden Aufgaben, [9] sich schneidende Geraden und [10] windschiefe Geraden darzustellen, erledigt.

[11] Es soll der Winkel zweier sich in S schneidenden Geraden g und h bestimmt werden. Bezeichnet man die Spur von g mit Π durch G, die von h mit Π durch H, so ist $\measuredangle GSH$ der zu bestimmende Winkel; da aber SG und SH aus den Umlegungen leicht zu finden sind, ferner GH gegeben ist, kann man $\triangle GSH$ und damit den gesuchten Winkel konstruieren.

Unter dem Winkel zweier windschiefen Geraden versteht man den, welchen man erhält, wenn man durch einen Punkt der einen Geraden eine Parallele zur andern zieht. Demnach kann man [12] den Winkel zweier windschiefen Geraden durch [11] unter Benutzung von [5] finden.

Besonders einfach gestaltet sich [11], wenn die beiden sich schneidenden Geraden eine Ebene $\perp \Pi$ bilden. Damit ist zugleich folgende Aufgabe gelöst: [13] Man soll ein rechtwinkliges Achsenkreuz zeichnen, dessen Spitze in einem gegebenen Punkt P liegt und von dem zwei Achsen eine zu Π senkrechte Ebene bilden.

[14] In welchem Punkt trifft eine Gerade g die von zwei sich schneidenden Geraden h_1 und h_2 gebildete Ebene H? Legt man durch $g \perp \Pi$ eine Ebene E, so kann man in E die Schnittgerade l von H mit E konstruieren als die Gerade, welche die beiden Schnittpunkte von h_1 und h_2 mit E verbindet. In der Umlegung ist dann (l) leicht zu finden; ihr Schnittpunkt mit (g) liefert den gesuchten Punkt. Wie ist die Lösung, wenn $g_1 \parallel g_2$?

Damit hat man die Grundaufgabe der Durchdringungen gelöst, und folgende Aufgaben sind nur noch Anwendungen:

[15] Ein Dreieck oder [16] ein Parallelogramm soll mit einer Geraden zum Schnitt gebracht werden.

[17] Zwei Ebenen sind durch zwei Paare sich schneidender Geraden gegeben; man soll die Schnittgerade der Ebenen finden. Man bestimmt erst den Schnittpunkt der ersten Ebene mit der einen Geraden der zweiten Ebene und dann ebenso mit der andern Geraden der zweiten Ebene. Die Verbindungsgerade der beiden Schnittpunkte ist die gesuchte.*)

Eine andere Sorte von Aufgaben, die wir jetzt auch lösen können, ist: [18] Durch einen Punkt P ist eine Gerade e zu legen, die zwei windschiefe Geraden g_1 und g_2 schneidet. Man greift auf g_1 einen beliebigen Punkt Q heraus und legt die Hilfsgerade $h = PQ$. Nach [14] bestimmt man den Schnittpunkt X von g_2 mit der Ebene $(g_1 h)$. Dann ist PX die gesuchte Gerade. Man löse diese Aufgabe auch da-

---

*) Bei diesen Aufgaben muß beachtet werden, daß gegebenenfalls beide Raumteile benötigt werden; dann müssen die Projektionen der Geraden über ihre Spur hinaus verlängert und vielleicht dadurch gekennzeichnet werden, daß man die Projektionen der Geradenteile vom andern Raumteil zur Unterscheidung strichelt.

1. Der Punkt und die Gerade

durch, daß man die Hilfsgerade $h \parallel g_1$ legt. Eine andere Fassung dieser Aufgabe wäre: Man soll von einem Punkt P aus nach dem scheinbaren Schnittpunkt zweier windschiefen Geraden einen Sehstrahl legen.

[19] Zu einer Geraden m ist eine Parallele l zu ziehen, die zwei zueinander windschiefe Geraden g_1 und g_2 schneidet oder, was auf dasselbe hinauskommt, welche beiden Punkte zweier windschiefen Geraden kommen zur Deckung, wenn man parallel zu einer gegebenen Richtung projiziert? Bei der Lösung dieser Aufgabe muß man beachten, daß jetzt der Punkt P von Aufgabe [18] ins Unendliche gerückt ist; sonst ist die Lösung dieselbe. Man legt also durch einen beliebigen Punkt Q auf g_1 eine Parallele h zu m und sucht den Schnittpunkt X der Geraden g_2 mit der durch g_1 und h bestimmten Ebene. Die durch X gelegte Parallele zu m ist die gesuchte.

[20] Gesucht wird eine Gerade l, die drei zueinander windschiefe Geraden g_1, g_2, g_3 schneidet. Man wählt auf g_3 einen beliebigen Punkt Q und legt durch ihn die Gerade l, die g_1 und g_2 schneidet, also Aufg. [18]. Es gibt somit unendlich viele solche Geraden m, die auch alle zueinander windschief sind; sie bilden in ihrer Gesamtheit eine sogenannte Regelfläche 2. Ordnung. Bewegt man sich irgendwie auf dieser Regelfläche, so scheinen sich stets die drei Geraden g in der Richtung der jeweiligen Geraden l der Regelschar in einem Punkt zu schneiden. Eine solche Fläche der l hat auch noch eine zweite Schar unendlich vieler Geraden, die ganz in ihr liegen. Man findet sie, wenn man zu irgend drei der Geraden l die Geraden g konstruiert, die diese drei schneiden; zu ihnen gehören natürlich die drei gegebenen Geraden g_1, g_2, g_3. Längs jeder Geraden der einen Schar scheinen sich alle anderen in einem Punkt zu schneiden. Man kann eine solche Fläche auch so definieren: sie ist die Gesamtheit aller Punkte, von denen aus sich drei beliebige zueinander windschiefe Geraden in einem Punkt zu schneiden scheinen. Daß eine solche Fläche eine Regelfläche ist (also eine solche, die unendlich viele Geraden enthält), geht aus der Definition hervor, denn wenn von einem Punkt aus die drei Geraden sich zu schneiden scheinen, ist das auch von allen anderen Punkten der Blickrichtung der Fall.

Die Graduierung einer Geraden. Um von der Umklappung (g) einer Geraden g in Π unabhängig zu sein und damit von $\sphericalangle (gg')$, versieht man g auch mit einer Maßeinteilung unter Zugrundelegung einer bestimmten Maßeinheit, etwa 1 cm. Die Spur von g mit Π bekommt dann die Marke Null, ein auf der Seite des Beschauers liegender Punkt auf g, der 1 cm vom Nullpunkt entfernt ist, die Marke $+\,1$, ein 7 cm vom Nullpunkt entfernter Punkt auf g in dem vom Beschauer abgewandten Teil des Raumes die Marke $-\,7$ usw. Diese Graduierung der Geraden denkt man sich mit projiziert. Aus der Verkürzung der Maßeinheit ergibt sich ohne weiteres der Neigungswinkel der Geraden gegen Π. Man löse folgende Aufgaben: [21] Unter welchem Winkel ist eine Gerade gegen Π geneigt, wenn bei Zugrundelegung von 1 cm als Einheitsmaß ihre Projektion eine Graduierung von $\frac{3}{4}$ cm zu $\frac{3}{4}$ cm aufweist? Welche Höhe hat ein Punkt dieser Geraden, dessen Projektion die Marke $+\,7{,}2$ hat? Beide Fragen sollen konstruktiv beantwortet werden.

Man versuche ferner die bisherigen Aufgaben über Punkte oder Geraden mit dieser Darstellungsweise einer Geraden zu lösen. Diese Methode wird besonders mit Nutzen in der darstellenden Geometrie des Geländes benutzt.[4])

2. Ebene Vielecke.

Haupt- und Fallinien einer Ebene. Wir verwendeten bisher schon Ebenen und bestimmten sie durch zwei in ihr liegende Geraden. Das soll auch weiterhin so geschehen, nur wählen wir jetzt besondere Geraden, einmal die Schnittgerade der Ebene mit Π, also ihre Spur mit Π oder eine Parallele dazu, also eine Spurparallele, dann eine auf diesen Geraden senkrechte Gerade der Ebene. Erstere bezeichnet man auch als Hauptlinien; es sind die Linien aller Punkte gleicher Höhen der Ebene, sie werden aus diesem Grunde auch Höhen- oder Schichtlinien der Ebene genannt. Die zu den Hauptlinien senkrechten Geraden der Ebene sind solche, die unter dem größtmöglichen Winkel gegen Π, also unter dem Neigungswinkel der Ebene gegen Π verlaufen; sie haben von allen Geraden der Ebene den stärksten Fall gegen Π, daher heißen sie Fallinien oder Böschungslinien.

Orthogonale Winkelprojektionen. Zwei derartige aufeinander senkrechte Geraden einer Ebene haben den Vorteil, daß sie sich wieder als aufeinander senkrechte Geraden in Π projizieren, denn ein rechter Winkel projiziert sich stets wieder als ein rechter, wenn einer seiner Schenkel zu Π parallel verläuft. Außerdem projizieren sich Hauptlinien als Parallelen zu Π ohne Verkürzung. Hier sei noch der Projektion von beliebigen Winkeln gedacht. Ein spitzer (stumpfer) Winkel projiziert sich gleichgroß oder kleiner (größer), wenn einer seiner Schenkel ∥ π liegt. Dann gilt von einem beliebigen Winkel noch der Satz, daß man ihn stets in solche Lage bringen kann, daß er in jeden anderen Winkel orthogonal projiziert werden kann.

Das Dreieck. In [2] wurde bereits vom Dreieck gesprochen. Jetzt soll diese Aufgabe noch einmal dadurch gelöst werden, daß man die ganze Ebene eines Dreiecks um die Spur der Dreiecksebene mit π in die Projektionsebene hineindreht. Die Spur dieser Dreiecksebene erhält man durch zwei ihrer Punkte, also z. B. durch die Spuren zweier ihrer Seiten. Eine derartige Umlegung haben wir schon in [11] vorgenommen. Die weitere Durchführung ist ohne Schwierigkeiten. Wir wollen aber diese Aufgabe noch auf eine dritte Art lösen. Es kann sehr wohl vorkommen, daß die Spur der Dreiecksebene sehr weit weg fällt, dann führt folgender Weg besser zum Ziel.

[22] = [2] Wir ziehen eine solche Hauptlinie der Dreiecksebene, die durch eine Ecke und innerhalb des Dreiecks verläuft; das ist besonders leicht, wenn die Dreiecksseiten graduiert sind, denn dann braucht man nur die Gerade zu ziehen, die die in Frage kommende Ecke mit dem Punkt H der Gegenseite verbindet, die mit der Ecke dieselbe Höhe hat. Sonst müßte man auf der Gegenseite den Punkt H suchen, der mit jener Ecke dieselbe Höhe hat; vgl. [3]. Ein Lot in der Dreiecksebene von einer der anderen Ecken auf diese Hauptlinie stellt dann eine Fallinie dar. Um nun die wahre Größe des Dreiecks ABC zu finden, denken wir uns das Dreieck so um die gezeichnete Hauptlinie gedreht, bis seine Ebene parallel zu π wird, dann ist die Projektion kongruent mit dem Dreieck selbst; wir zeichnen zwar in π, denken uns aber alles in der zu π parallelen Ebene gelegen. Verläuft die Hauptlinie durch A, die Fallinie durch C, so mögen sich beide in D schneiden. Dann ist $DC'C$ ein rechtwinkliges Dreieck, in dem $C'D$ schon konstruiert ist und CC' gleich der Differenz der Höhen von A und C ist. Die Hypotenuse fällt dann bei der Drehung über C' hinaus bis (C). Ziehen wir jetzt $(C)H$ und bringen es mit der Fallinie durch B' zum Schnitt in (B), so ist $\triangle A(C)(B)$ das gesuchte.

[23] Man bestimme den Neigungswinkel eines Dreiecks gegen π. Die Fallinie eines Dreieckspunktes gibt in der Umlegung um ihre Projektion gegen diese den Neigungswinkel der Ebene gegen π an.

Affine Lage von Dreiecken. Ein Dreieck ABC werde um eine

Hauptlinie als Drehgerade in eine zu Π parallele Ebene Π_1 gedreht und heiße dann $A_1 B_1 C_1$. $A'B'C'$ sei ferner die Projektion von ABC auf Π_1. Denken wir uns die Seiten des Dreiecks $A_1 B_1 C_1$ verlängert bis zur Drehgeraden und ebenso die Seiten des Projektionsdreiecks $A'B'C'$, so müssen sich entsprechende Seiten je im nämlichen Punkt der Drehgeraden schneiden; außerdem liegen entsprechende Punkte auf Parallelen, nämlich auf Senkrechten zu jener Drehgeraden (die ja eine Hauptlinie ist). Der Grund des ersten Teiles unserer Behauptung liegt darin, daß sich die Schnittpunkte auf der Drehgeraden in sich selbst projizieren; daß ferner z. B. $A_1 A'$ senkrecht zur Drehgeraden liegt, folgt daraus, daß bei solchen Drehungen um eine Hauptgerade die Fallinien sich in Ebenen senkrecht zur Drehgeraden bewegen, also auf ihre Projektion zu liegen kommen. Eine solche Lagenbeziehung wie die der beiden Dreiecke $A_1 B_1 C_1$ und $A'B'C'$ ist ein besonderer Fall von Affinität.

Affinität und Perspektivität ebener Figuren. Die letzten Betrachtungen führten auf Lagenbeziehungen von affinen Dreiecken, die wir noch von einem allgemeineren Gesichtspunkt aus betrachten müssen, um uns dann weiter ebenen Schnitten von Prismen, Pyramiden, Zylindern und Kegeln zuwenden zu können. Da nun die Affinität nur ein besonderer Fall der Perspektivität ist, wenden wir uns gleich dieser zu und betrachten zwei ebene Schnitte ein und derselben Pyramide. Der Einfachheit halber wählen wir zunächst eine dreiseitige Pyramide $ABCO$, die von einer beliebigen Ebene entsprechend im Dreieck $A'B'C'$ geschnitten werden mag. Das Dreieck $A'B'C'$ kann dann von O aus durch Zentralprojektion aus ABC entstanden gedacht werden oder umgekehrt; solche Dreiecke nennt man perspektive Dreiecke; für sie gilt folgender Satz:

Liegen zwei Dreiecke perspektiv, also derart, daß die Verbindungslinien entsprechender Ecken durch einen Punkt O gehen, so schneiden sich entsprechende Seiten oder deren Verlängerungen in Punkten, die auf einer Geraden liegen. Da sich die Verbindungsgeraden AA', BB', CC' in einem Punkt O schneiden, müssen sie zu zweit je in einer Ebene liegen; folglich sind die in diesen Ebenen liegenden Seitenpaare AB und $A'B'$, BC und $B'C'$, CA und $C'A'$ nicht windschief, sondern schneiden sich in drei Punkten, die sowohl in der Ebene ABC als auch in der von $A'B'C'$, also in der den beiden Dreiecksebenen gemeinsamen Schnittgeraden liegen.

2. Ebene Vielecke

Aber auch die Umkehrung des obigen Satzes gilt, daß nämlich zwei Dreiecke, deren entsprechende Seiten sich in Punkten einer Geraden schneiden, perspektiv sind, d. h. daß die Verbindungslinien entsprechender Ecken sich in einem Punkt schneiden.

Denn zwei entsprechende Seiten der Dreiecke liegen in einer Ebene, und zwei solcher Ebenen schneiden sich in einer Geraden, die zwei entsprechende Ecken miteinander verbindet; die drei Ebenen der drei Seitenpaare schneiden sich dann in drei Geraden, die natürlich als Schnitte dreier Ebenen sich in einem Punkt, also O, schneiden müssen. Dieser letzte Punkt O heißt Perspektivitätszentrum, die von O ausgehenden Strahlen nach den Ecken der Dreiecke heißen Perspektivitätsstrahlen, und die Schnittgerade der Dreiecksebenen heißt Perspektivitätsachse.

Nachdem auf diese Weise der Satz von perspektiven Dreiecken mit seiner Umkehrung im Raum bewiesen ist, gilt er für perspektive Dreiecke in derselben Ebene natürlich auch; wir können sie zwar nicht mehr als ebene Schnitte von einer dreiseitigen Pyramide auffassen, aber sie haben immer noch dieselbe Eigenschaft wie oben, daß die Verbindungsstrahlen entsprechender Ecken durch einen Punkt gehen. Der Beweis dafür, daß auch dann noch die Schnittpunkte entsprechender Seiten auf einer Geraden liegen, beruht darauf, daß die jetzt ebene Konfiguration ($O, ABC, A'B'C'$) als Zentralprojektion der obigen räumlichen auf eine Ebene aufgefaßt werden kann; entsprechendes gilt von der Umkehrung. Diesen Sonderfall des Doppelsatzes über perspektive Dreiecke bezeichnet man als Desarguesschen Satz.

Dieser Satz ist ein schönes Beispiel für das Prinzip der Dualität in der Geometrie der Lage. Jedem Satz, der reine Lagenbeziehungen von Geraden und Punkten behandelt, kann sofort ein anderer an die Seite gestellt werden (wir nannten das oben Umkehrung), der von Punkten und Geraden handelt; so z. B. wird einmal von drei Strahlen gesprochen, die sich in einem Punkt schneiden, auf der anderen Seite von drei Punkten, die in einer Geraden liegen.

Rückt das Perspektivitätszentrum ins Unendliche, so daß die Perspektivitätsstrahlen zueinander parallel werden, so spricht man von einer Affinität der Dreiecke, die parallelen Geraden sind dann Affinitätsstrahlen, und die Perspektivitätsachse wird zur Affinitätsachse. Liegen die Affinitätsstrahlen senkrecht zur Affinitätsachse, wie oben, so spricht man von senkrechter Affinität. Welche besonde-

24 I. Darst. Geometrie bei Verwendung nur einer Projektionstafel

ren Lagen der Dreiecke ergeben sich, wenn statt des Perspektivitätszentrums die Perspektivitätsachse ins Unendliche rückt, oder wenn beide ins Unendliche rücken?

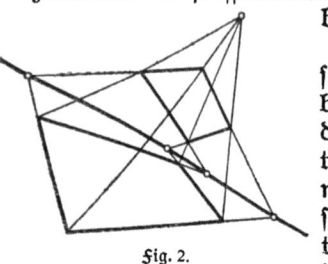

Fig. 2.

Sind zwei perspektive Dreiecke in derselben Ebene gegeben, gehen also die Verbindungsstrahlen entsprechender Ecken durch einen Punkt, so ist die Perspektivitätsachse konstruierbar. Andererseits kann man zu einem gegebenen Dreieck das perspektive konstruieren, wenn Perspektivitätsachse und zentrum und ein Punkt des Dreiecks gegeben ist. Man überlege sich das Entsprechende bei der Affinität!

Durch drei Punkte läßt sich stets eine Ebene legen, d. h. das Dreieck ist von selbst eine ebene Figur; das gilt nicht mehr von vier beliebigen Punkten im Raum. Daher kann man nicht von einem Desarguesschen Satz von perspektiven Vierecken reden. Zeichnet man sich also in der Ebene zwei Vierecke, deren entsprechende Ecken auf Strahlen von einem Punkt aus liegen, so brauchen entsprechende Seiten sich nicht mehr in Punkten einer Geraden zu schneiden. Erst wenn sie das tun, spricht man von perspektiven Vierecken in der Ebene; entsprechendes gilt auch von n-Ecken. Geht man im besonderen zu affinen Vielecken in der Ebene über, so kann man sagen, wenn zwei n-Ecke in derselben Ebene liegen, so daß die Verbindungsgeraden zueinander parallel sind und daß außerdem entsprechende Seiten sich in Punkten derselben Geraden schneiden, so sind sie affin.

[24] Man zeichne zwei zueinander perspektive Vierecke. Die Konstruktion ergibt sich aus der beigegebenen Figur 2. Man übe selbst weitere Konstruktionen, auch wenn die beiden Vielecke nicht auf verschiedenen Seiten der Achse liegen, oder wenn sie dieselbe schneiden.

[25] Man zeichne zwei zueinander affine Fünfecke.

[26] Man zeichne die zum Kreis affine Figur. Zu beachten ist, daß der Kreis als Vieleck mit unendlich vielen Ecken angesehen werden kann, und daß zur Konstruktion affiner Vielecke auch die Diagonalen benutzt werden können.

Ebene Schnitte von Prismen, Pyramiden, Zylindern und Kegeln.
Ein schiefes n-seitiges, oben vorläufig unbegrenztes Prisma mag mit der Grundfläche in π liegen; dann ist die Projektion völlig bestimmt,

2. Ebene Vielecke

wenn noch irgendein Punkt A einer Seitenkante in der früheren Weise gegeben ist. Soll das Prisma mit einer Ebene geschnitten werden, deren Spur s mit Π gegeben ist und die durch A verläuft, so sind vier n-Ecke zu betrachten: erstens die Grundfläche $A_1B_1C_1D_1\ldots$, dann die Schnittfigur $ABCD\ldots$, deren Projektion $A'B'C'D'\ldots$ auf Π und schließlich die Umlegung $(A)(B)(C)(D)\ldots$ von $ABCD\ldots$ um s in Π. Nach unseren letzten Betrachtungen sind nun $A_1B_1C_1D_1\ldots$ und $A'B'C'D'\ldots$ affin mit s als Affinitätsachse. Da A' gegeben ist, so kann $A'B'C'D'\ldots$ konstruiert werden. Nun können wir nach [11] die Schnittebene mit dem Punkt A um s in Π drehen, wobei A nach (A) fällt. Da s Affinitätsachse ist, kann $(A)(B)(C)(D)\ldots$ affin zu $A'B'C'D'\ldots$ konstruiert werden, und man hat die wahre Größe von der Schnittfigur erhalten.

Einfacher wird natürlich alles, wenn ein zu Π senkrechtes Prisma gegeben ist, denn da fällt $A_1B_1C_1D_1\ldots$ mit $A'B'C'D'\ldots$ zusammen, und es muß nur die wahre Größe gesucht werden. Jetzt können folgende Aufgaben gelöst werden.

[27] Man soll ein gerades quadratisches Prisma, das mit der Grundfläche in Π steht, mit einer Ebene zum Schnitt bringen, deren Spur mit Π und deren Neigungswinkel gegen Π gegeben ist. Wie sieht die Schnittfigur aus?

[28] Bestimme das Schnittdreieck, in dem ein schiefes dreiseitiges Prisma von einer Ebene E geschnitten wird, deren Spur mit Π gegeben ist und die durch einen auf einer Prismenkante gegebenen Punkt A hindurchgeht. Man führe die Lösung auch durch für den Sonderfall $E \perp \Pi$!

[29] Löse die entsprechende Aufgabe für ein schiefes regelmäßiges fünfseitiges Prisma.

[30] und [31] Löse die entsprechenden Aufgaben zu [27] und [29], wenn einmal ein gerader oder das andere Mal ein schiefer Kreiszylinder gegeben ist.

Bisher kamen wir mit der Affinität aus; das ist nicht der Fall, wenn es sich um ebene Schnitte von Pyramiden handelt:

[32] Gegeben ist eine dreiseitige Pyramide $A_1B_1C_1S$, die mit $A_1B_1C_1$ in Π liegt; sie soll mit einer Ebene zum Schnitt gebracht werden, deren Spur s mit Π gegeben ist und die A_1S in A schneidet. Wenn S wie früher durch seine Projektion und Höhe gegeben ist, so ist A bestimmt, wenn seine Projektion A' gegeben ist. Jetzt

ist wieder, wenn ABC die Schnittfigur darstellt, $A_1 B_1 C_1$ perspektiv zu $A'B'C'$ (s Perspektivitätsachse); also kann B' und C' nach [24] gefunden werden. Will man auch noch die wahre Größe von ABC konstruieren, so wird man die Umlegung $(A)(B)(C)$ von ABC um s in Π konstruieren. (A) findet man nach [11], und (B) und (C) sind dann mit Hilfe der Affinität zu erlangen, denn $A'B'C'$ und $(A)(B)(C)$ sind affin.

[33] Man übe die entsprechende Aufgabe auch für eine fünfseitige Pyramide und schließlich noch

[34] für einen Kreiskegel; zunächst achte man aber darauf, daß die schneidende Ebene alle Erzeugenden des Kegels im Endlichen schneidet.

Kegelschnitte. Die letzte Aufgabe führt uns bereits zu den Kegelschnitten, d. h. zu den ebenen Schnitten eines Kreiskegels. Da sind drei Fälle zu unterscheiden: 1. daß die schneidende Ebene E alle Erzeugenden des Kegels im Endlichen schneidet, das gibt die Ellipse; 2. daß E einer Erzeugenden parallel läuft, das gibt die Parabel, und 3. daß E zwei Erzeugenden parallel läuft, das gibt die Hyperbel. Man beachte, daß E im 3. Fall die Erzeugenden des Kegels zum Teil jenseits der Spitze, also den anderen Teil des Doppelkegels schneidet; die Hyperbel besteht also aus zwei Ästen.

Um eine Anschauung der drei verschiedenen Kegelschnitte zu erhalten, wollen wir noch eine Methode anführen, die diese Kurve wirklich als Kegelschnitte vor unserem Auge erzeugt. Man lasse eine Taschenlampe im finstern, möglichst mit etwas Rauch angefüllten Zimmer aufleuchten, der Lichtkegel sei dann unser Kreiskegel (in der Regel wird es wohl ein gerader Kreiskegel sein). Hält man die Taschenlampe derart, daß die Kegelachse senkrecht auf eine Wand trifft, so ist die beleuchtete Fläche ein Kreis, der um so größer ist, je weiter die Lampe von der Wand weggehalten wird. Neigt man die Lampe ein klein wenig, so erscheint die Ellipse als Randkurve der beleuchteten Fläche; sie ähnelt um so weniger einem Kreis, je mehr die Kegelachse gegen die Wandfläche geneigt wird. Dabei rückt aber der äußerste Punkt der Ellipse immer weiter weg. Neigt man dann die Lampe noch weiter, so daß der Strahl nach jenem äußersten Punkt der Wandfläche parallel wird, so ist die Randkurve eine Parabel, die damit als eine Ellipse aufgefaßt werden kann, von der ein Punkt im Unendlichen liegt. Dreht man nunmehr die Lampe noch weiter herum, so erscheint ein Stück eines Hyperbelastes. Denkt man sich vielleicht vor der Lampe einen

2. Ebene Vielecke

Kreis aus Draht so befestigt, daß er gerade auf dem Lichtkegel liegt, so hat man in dieser einfachen Anordnung ein Modell vor sich, das zeigt, wie der Kreis durch Zentralprojektion in die verschiedenen Kegelschnitte übergeführt werden kann.

Auf eine genaue Theorie der Kegelschnitte, im besonderen auf ihre projektive Erzeugung kann hier nicht eingegangen werden; wir verweisen da auf die angeführte Literatur.[5]) Aber von dem für die Praxis wichtigsten Kegelschnitt, von der Ellipse, mag wenigstens eine punktweise Konstruktion angegeben werden, die sie als Parallelprojektion des Kreises erkennen läßt.

Die Ellipse wurde oben als Schnitt eines Kreiskegels mit einer Ebene definiert, die alle Erzeugenden des Kegels im Endlichen schneidet. Da ein Kreiszylinder als Kegel mit unendlich fern liegender Spitze aufgefaßt werden kann, muß auch ein ebener Schnitt dieses Zylinders als Ellipse angesehen werden. Eine solche Ellipse kann dann als Parallelprojektion eines Kreisschnittes des Zylinders gedeutet werden, wobei die Zylindererzeugenden als Projektionsstrahlen benutzt werden. Könnten wir für den zu projizierenden Kreis eine Konstruktion angeben, die projektionsfest ist, wobei also die einzelnen Schritte in der Projektion ebenso wie beim Kreis ausgeführt werden können, so hätten wir zugleich eine Konstruktion der Ellipse.

Um eine solche Konstruktion des Kreises zu erhalten, bei der die Gleichheit der Radien oder der Peripheriewinkel — denn diese Eigenschaften gehen durch die Projektion verloren — nicht benutzt wird, denken wir uns dem Kreis ein Quadrat $ABCD$ umbeschrieben und die Mittelparallelen EF, GH gezogen, die sich im Mittelpunkt M schneiden. Ziehen wir von E eine beliebige Gerade, die DG in J schneidet, und fällen wir von F auf EJ das Lot FP, so muß P ein Kreispunkt sein. PF mag GM in K schneiden, dann ist $\triangle DEJ \cong \triangle FMK$, was aus $ED = MF$ und der Gleichheit der Winkel folgt. Dann ist aber auch $DJ = KM$, also auch $JG = GK$, woraus folgt $JK \parallel DM$. Man hätte also folgende Konstruktion für P: Man zieht EJ beliebig, $JK \parallel DM$ und bringt die Verlängerung von KF mit EJ in P zum Schnitt. So findet man alle Punkte des Kreises in $EMGD$, die anderen Kreisviertel ergeben sich durch Symmetrie (Fig. 3).

In der Parallelprojektion wird das Quadrat zu einem Parallelogramm. Die Konstruktion bleibt dieselbe, liefert aber jetzt eine Ellipse, die dem Parallelogramm einbeschrieben ist und dessen Seiten in den

28 I. Darſt. Geometrie bei Verwendung nur einer Projektionstafel

Mitten berührt. Einen beliebigen Ellipſenpunkt P erhält man, wenn man EJ beliebig zieht, von J parallel zu DM bis K auf GH geht, K mit F verbindet und FK mit EJ in P zum Schnitt bringt (Fig. 4). Mit Hilfe dieſer Konſtruktion kann man eine Ellipſe ſtets konſtruieren, ſobald man ein ihr umbeſchriebenes Parallelogramm hat. Darin liegt der

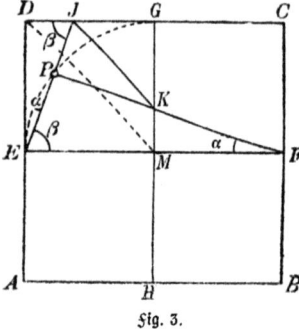
Fig. 3.

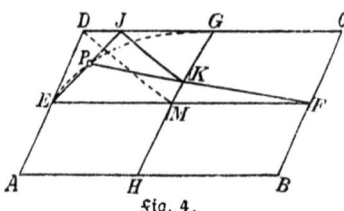
Fig. 4.

Wert der Konſtruktion für die darſtellende Geometrie. Denkt man ſich zum Beiſpiel einen Kreiszylinder gegeben, der mit einer Ebene zum Schnitt gebracht werden ſoll (vgl. [30] und [31]), ſo kann man die frühere Löſung bedeutend vereinfachen, wenn man dem Kreiszylinder ein quadratiſches Prisma umſchreibt, ſo daß alſo den einzelnen Kreisſchnitten Quadrate umbeſchrieben werden. Man braucht dann nur dieſes quadratiſche Prisma mit jener Ebene zum Schnitt zu bringen und in das erhaltene Schnittparallelogramm die Ellipſe einzuzeichnen.

3. Aufgaben über die Ebene.

Darſtellung der Ebene. Zuerſt hatten wir die Ebene dargeſtellt durch zwei in ihr liegende beliebige Geraden, dann durch ihre Spur s mit Π und ihrem Neigungswinkel gegen Π oder s und P, einem ihrer Punkte. Wir vereinigen jetzt beide Methoden. Wenn wir durch einen Punkt der Ebene die zugehörige Fallinie (vgl. S. 20) ziehen, ſo ſtellt ſie im Verein mit der Spur zwei Geraden der Ebene dar, ganz wie im erſten Fall. Aber wir können uns auch auf die Fallinie allein beſchränken, denn durch ihren Spurpunkt mit Π iſt ja ſenkrecht zur Projektion der Fallinie die Ebenenſpur s ſchon mit beſtimmt. Durch eine einzige Gerade iſt alſo eine Ebene beſtimmt, wenn man weiß, daß ſie Fallgerade dieſer Ebene ſein ſoll. Wir ſetzen an den Spurpunkt der Fallgeraden mit Π den Namen der Ebene, alſo z. B. E(e). Mit dem entſprechenden

3. Aufgaben über die Ebene

kleinen lateinischen Buchstaben bezeichnen wir die Fallinie. Sonst wird e genau so dargestellt wie früher (vgl. S. 17).

Die Ebene und in ihr liegende Punkte und Geraden. [35] Man soll einen Punkt P bestimmen, der in einer gegebenen Ebene $E(e)$ liegt. Offenbar kann jeder Punkt P' in Π als Projektion eines Punktes P in E angesehen werden. Es ist nur noch nötig, seine Höhe p zu bestimmen. Denken wir uns durch P in E die Hauptlinie h gelegt, so ist $h \perp e$ und treffe e in A, ferner ist $h' \perp e'$, und A muß dieselbe Höhe haben wie P. Also gibt $A'(A)$ die gesuchte Höhe an. Demnach muß man zu einem beliebigen Punkt P' eine

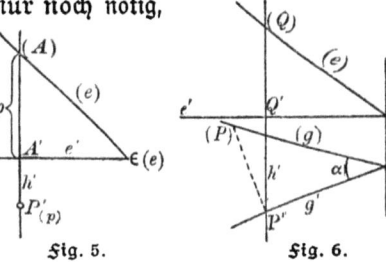

Fig. 5. Fig. 6.

Höhe setzen, die gleich dem Stück ist, welches auf einer Geraden $\perp e'$ durch P' zwischen e' und (e) liegt (Fig. 5).

[36] Gegeben ist eine Ebene $E(e)$ und die Projektion g' einer in E liegenden Geraden g; man soll den Neigungswinkel von g gegen Π finden. Die Spur von g mit Π ist der Schnitt von g' mit der Spur von E mit Π, also mit dem im Spurpunkt von e mit Π auf e' errichteten Lot. Zieht man nun eine beliebige Hauptlinie h in E, deren Projektion auf Π e' in Q', (e) in (Q) schneidet, so mag sie g' in P' schneiden; zieht man ferner $P'(P) \perp g'$ und $= QQ'$, so ist (P) ein Punkt von (g), womit aber die Gerade (g), also auch g selbst und ihr Neigungswinkel α gegen Π gefunden ist (Fig. 6). Man beantworte nach [35] und [36] die Frage: Wann liegen eine Ebene E und ein Punkt P oder eine Ebene E und eine Gerade g vereinigt?

[37] Es soll durch eine Gerade g und einen nicht auf ihr liegenden Punkt P eine Ebene E gelegt werden. Man sucht zunächst auf g einen Punkt Q, der dieselbe Höhe wie P hat [3], dann ist $Q'P'$ eine Hauptlinie, und ihre Parallele durch die Spur von g mit Π ist die Spur von E. Da man außer der Spur von E mit Π noch den Punkt P kennt, ist die Darstellung von E durch die durch P gehende Fallinie gefunden.

[38] Durch zwei sich schneidende Geraden g und h ist eine Ebene zu legen. Die Spuren von g und h mit Π liefern die Spur s der gesuchten Ebene und der Schnittpunkt P von g und h die zu bestimmende Fallinie.

[39] Man soll die Winkelhalbierende zwischen zwei sich schneidenden Geraden bestimmen. Durch Umlegung des Dreiecks g, h, s in [38] um s in Π erhält man $\sphericalangle gh$, diesen halbiert man und dreht zurück.

[40] Gegeben sind zwei parallele Geraden g und h; man soll ihren Abstand ermitteln. Man legt die Ebene der beiden Parallelen um in Π und bestimmt da den gesuchten Abstand.

Neigungen von Ebenen und in ihnen liegenden Geraden gegen die Horizontalebene. [41] Durch einen Punkt P ist eine Ebene zu legen, die gegen Π unter einem Winkel α geneigt ist und die außerdem zu einer Geraden g parallel ist. Die Spurpunkte der Fallinien aller Ebenen durch P, die gegen Π unter $\sphericalangle \alpha$ geneigt sind, liegen auf einem Kreis um P', dessen Radius r als Kathete aus einem rechtwinkligen Dreieck gefunden wird, dessen andere Kathete gleich der Höhe von P ist, der $\sphericalangle \alpha$ gegenüberliegt. Zieht man durch P eine Parallele zu g mit dem Spurpunkt S, so muß die Spur der gesuchten Ebene durch S gehen und Tangente an dem obigen Kreis sein. Die Lote von P auf die beiden möglichen Tangenten sind die Fallinien der gesuchten Ebenen.

[42] Durch eine Gerade g ist eine Ebene von gegebener Neigung α gegen Π zu legen. (Zu lösen wie [41].)

[43] Man soll durch einen Punkt P in einer Ebene E eine Gerade g von gegebener Neigung α gegen die Spur von E mit Π ziehen. Man zeichne in der Umlegung der Ebene E um die Spur in Π. Diese Aufgabe ist nicht zu verwechseln mit der folgenden:

[44] Man soll durch einen Punkt P in einer Ebene E eine Gerade g von gegebener Neigung α gegen Π ziehen. Man zeichne wie in [41] den Kreis um P' für α; er schneidet die Spur von E in zwei Punkten, durch die die gesuchten Geraden g verlaufen müssen. (Anders ausgedrückt würde diese Aufgabe auch lauten: In einem Strahlenbüschel sollen diejenigen Strahlen gefunden werden, die eine gegebene Neigung gegen Π haben.) Wann hat die Aufgabe keine Lösung?

Besondere Lagen von Ebenen. Eine Darstellung der Ebene in der bisherigen Art ist unmöglich, wenn die Fallinien sich nicht darstellen lassen, also wenn die Ebene $\parallel \Pi$ oder $\perp \Pi$ ist. Im ersten Fall sind alle Projektionen von Figuren in der Ebene mit diesen kongruent; es muß nur der Abstand der Ebene von Π irgendwie angegeben werden. Im zweiten Fall ist die Projektion einer Fallinie ein einziger Punkt und die Ebene ist durch ihre Spur eindeutig gegeben. Man löse hiernach die Aufgabe:

3. Aufgaben über die Ebene

[45] **Durch einen gegebenen Punkt P ist ⊥ π eine Ebene parallel zu einer gegebenen Geraden g zu ziehen.**
Parallele Ebenen haben parallele Spuren und parallele Fallinien.

[46] **Durch einen Punkt P ist eine zu einer gegebenen Ebene E parallele Ebene zu legen.** Man sucht auf e den Punkt Q, der mit P die gleiche Höhe hat [3]; dann sind Haupt- und Fallinie der gesuchten Ebene durch P parallel zu den entsprechenden Linien der gegebenen Ebene durch Q.

Aufgaben über Ebenen und sie schneidende Geraden. [47] Eine Ebene E ist mit einer beliebigen Geraden g zum Schnitt zu bringen. Wir legen durch g eine Hilfsebene ⊥ π, die E in h schneiden mag.

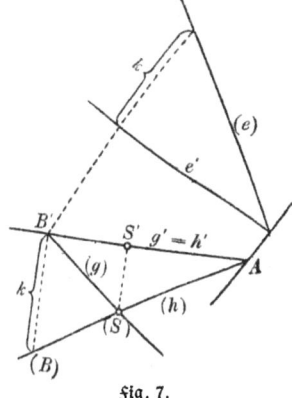
Fig. 7.

Kann man h konstruieren, so liefert in der Umlegung der Schnittpunkt (S) von (g) und (h) den gesuchten Schnittpunkt S von g mit E. Fig. 7 erläutert die hier angedeutete Konstruktion. Die Hilfsgerade h ist gefunden durch die beiden Punkte A und B. A ist der Spurpunkt von h und liegt als solcher auf der Spur von E, aber er muß auch auf g' liegen, das mit h' zusammenfällt. B ist der Punkt von h, also auch von der Ebene E, dessen Projektion mit dem Spurpunkt von g zusammenfällt; seine Höhe k erhält man wie in [3] durch ein Lot von B' auf e'. (B) A ist dann (h).

[47a] Ein Dreieck ist durch seine Eckpunkte gegeben; man soll es mit einer Geraden g zum Schnitt bringen. Man legt wieder eine Hilfsebene ⊥ π durch g, die die Dreiecksebene in h schneidet und konstruiert in der in π um g' umgelegten Hilfsebene den Schnittpunkt von (g) und (h).

Die Aufgabe [47] ist die Grundaufgabe für alle **Parallelprojektionen** irgendwelcher Figuren auf eine gegebene Ebene oder, was auf dasselbe hinauskommt, aller Schattenaufgaben bei parallelem Licht auf irgendeine Ebene. Man löse hiernach [48]: Gegeben ist ein beliebiges Dreieck ABC, eine beliebige Ebene E und die Richtung paralleler Lichtstrahlen. Man soll den Schatten von ABC auf E ermitteln. Besonders einfach wird die Aufgabe, wenn E mit π zusammenfällt.

Lote auf Ebenen. [49] Von einem Punkt P soll auf eine Ebene E das Lot l gefällt und der Fußpunkt F ermittelt werden, mit anderen Worten: Ein Punkt P soll auf eine Ebene E senkrecht projiziert werden. Denken wir uns durch F in E die Hauptlinie gezogen, die senkrecht zur Fallinie durch F verläuft, so muß l auf beiden senkrecht stehen also $l' \parallel e'$ werden. Es wird also stets ein Lot zu einer Ebene auf Π parallel zu der Projektion der Fallinien dieser Ebene projiziert oder mit anderen Worten senkrecht zur Spur dieser Ebene. In unserer Aufgabe legen wir somit durch P eine Ebene $A \perp \Pi$ und $\parallel e$, drehen A um in Π und fällen von (P) auf (e) ein Lot, dessen Schnittpunkt mit der Umlegung der Schnittgeraden von E mit A (F) liefert. Mit dieser Aufgabe ist auch zugleich die folgende gelöst: [49a] Gesucht wird der Abstand eines Punktes P von einer Ebene E. Besonders einfach würde sich jetzt die Lösung folgender Aufgabe gestalten:

[50] In einem Punkt P soll auf einer Ebene E ein Lot errichtet werden. Man errichtet in der Umlegung in (P) auf (e) das Lot. Damit ist zugleich auch umgekehrt die Aufgabe gelöst [51]: Gegeben ist eine Gerade g und auf ihr ein Punkt P, man soll durch $P \perp g$ eine Ebene legen.

Rechtwinklige Achsenkreuze in senkrechter Projektion. In einem besonderen Fall hatten wir schon in [13] die Projektion eines solchen Achsenkreuzes (drei von einem Punkt ausgehende aufeinander senkrechte Strahlen) konstruiert; jetzt soll [52] ein beliebiges rechtwinkliges Achsenkreuz auf Π projiziert werden. Ein Lot auf einer Ebene E können wir errichten; es fehlt also nur noch, daß man in E durch den Fußpunkt zwei sich senkrecht schneidende Geraden konstruiert, was in der Umlegung der Ebene E um ihre Spur in Π ausgeführt werden kann. Wir wollen aber diese Aufgabe von einer anderen Seite aus betrachten und folgende Aufgabe lösen:

[53] Ein beliebiges Tetraeder ABCO, dessen von O ausgehende Kanten ein dreiseitiges rechtwinkliges Achsenkreuz bilden, soll auf die Grundfläche ABC (= Π) projiziert werden. Ist O' die gesuchte Projektion von O auf ABC, so können die Seiten dieses Dreiecks als Spuren der Seitenflächen mit der Grundfläche ABC betrachtet werden. Nun ist z. B. $OA \perp OBC$, d. h. es muß auch $O'A \perp BC$ sein als Lot auf einer Ebene, deren Spur BC ist; dasselbe gilt von den anderen Seiten. Aber auch die Fallinien der Seitenflächen und ihre Projektion müssen senkrecht auf deren Spuren stehen; so muß z. B. die Projektion

3. Aufgaben über die Ebene
33

der Höhe OA_1 von $\triangle OBC$, das ist $O'A_1 \perp BC$ sein. Mit anderen Worten: AO' und $O'A_1$ müssen auf einer Geraden liegen; dasselbe gilt von BO' und $O'B_1$, CO' und $O'C_1$. Das rechtwinklige dreiseitige Achsenkreuz projiziert sich also in die drei Höhen des Grunddreiecks ABC.

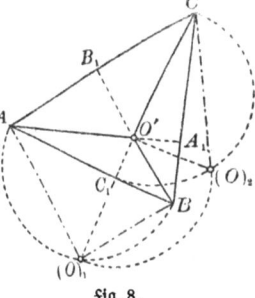

Fig. 8.

Um nun rückwärts aus der Projektion $ABCO'$ die Längen OA, OB, OC zu erhalten, denken wir uns das Dreieck AOB in die Ebene der Grundfläche (in Π) hineingedreht und müssen nur beachten, daß bei (O) dann ein rechter Winkel auftritt. In Fig. 8 liefert die Umlegung $AB(O)_1$ die Längen AO und BO. Um CO zu erhalten, legt man $\triangle COC_1$ um CC_1 um und erhält so die noch fehlende dritte Länge $CO = C(O)_2$.

Ein dreiseitiges rechtwinkliges Achsenkreuz kann nun durch eine Ebene stets so geschnitten werden, daß das Dreieck aus den drei Achsenschnittpunkten — das Schnittdreieck — einem gegebenen spitzwinkligen Dreieck kongruent wird. Da aber die drei Höhen in einem solchen Dreieck stets stumpfe Winkel miteinander bilden (es sind die Supplementwinkel der Dreieckswinkel), so kann man auch sagen, daß unser Achsenkreuz stets so von einer Ebene geschnitten werden kann, daß die Höhen des Schnittdreiecks irgend drei Richtungen parallel laufen, die stumpfe Winkel miteinander bilden. Daraus folgt der wichtige Satz: **Irgend drei von einem Punkt ausgehende Strahlen, die in einer Ebene liegen und miteinander stumpfe Winkel bilden, können stets als senkrechte Projektion eines rechtwinkligen Achsenkreuzes auf jene Ebene angesehen werden.**

Eigentlich bildet das Achsenkreuz acht einzelne Oktanten; wir haben bisher immer nur denjenigen betrachtet, dessen drei Achsen sämtlich die Projektionsebene schneiden. Ein solcher einzelner Oktant kann also auch so im Raum liegen, daß nur zwei oder nur ein oder gar kein Strahl die Projektionsebene schneidet. Wir können von einem Oktanten, dessen Achsenprojektionen dann nicht mehr alle stumpfe Winkel miteinander zu bilden brauchen, sofort zu demjenigen übergehen, dessen Achsen wieder alle die Projektionsebene schneiden, wenn wir diejenigen Strahlen rückwärts über den Achsenschnittpunkt verlängern, die die Projektionsebene nicht schneiden. Nach diesen Betrachtungen können wir uns auf solche Oktanten beschränken, wie wir sie zuerst betrachtet haben.

Alle Strecken auf derselben Achse werden nun bei der Projektion im gleichen Maße verkürzt, aber für jede Achse kommt ein anderes Verkürzungsverhältnis in Betracht. Es bleibt also noch die Aufgabe zu erledigen, für jede Achse das Verkürzungsverhältnis anzugeben. Das geschieht am besten dadurch, daß man auf jeder Achse vom Achsenschnittpunkt aus die Einheitsstrecke abträgt.

[54] In der Projektionsebene Π ist ein Achsenkreuz durch die Projektion der Achsen gegeben; man soll für jede Achse das Verkürzungsverhältnis angeben. Die Projektion des Achsenschnittpunktes O sei wieder O', die drei Achsen seien durch I, II, III bezeichnet; dann wähle man zwei Punkte A und B auf I und II derart, daß die Verbindungslinie $AB \perp$ III wird und ferner auf III den Punkt C, so daß $AC \perp$ II wird, von selbst wird dann $BC \perp$ I. Die wahren Längen von OA, OB, OC konstruiert man dann wie in [52], auf denen man dann eine Einheitsstrecke $OA_1 = OA_2 = OA_3 = 1$ annehmen kann, die rückwärts die Projektionen $O'A_1'$, $O'A_2'$, $O'A_3'$ liefert.

Mehrere Ebenen. [55] Man soll die Schnittgerade zweier Ebenen A und B bestimmen. Ist eine der beiden Ebenen $\perp \Pi$, so haben wir diese Aufgabe schon in [47] gelöst. Liegen die beiden Ebenen aber beliebig, so lösen wir die Aufgabe dadurch, daß wir eine Hauptlinie von A mit einer solchen von B zum Schnitt bringen, die denselben Abstand von Π hat. Ihr Schnittpunkt ist ein Punkt der Schnittgeraden, seine Verbindungsgerade mit dem Schnittpunkt der beiden Spuren von A und B mit Π ist die gesuchte Gerade. Wie findet man nun jene beiden Hauptlinien? Wir greifen auf a, die unsere Ebene A darstellende Falllinie, einen beliebigen Punkt P heraus und ziehen durch ihn die Hauptlinie in A. Dann suchen wir auf b nach [3] denjenigen Punkt Q, der dieselbe Höhe wie P hat und ziehen dadurch die Hauptlinie in B. Der Schnittpunkt X der beiden Hauptlinien ist ein Punkt der Schnittlinie von A und B und die Verbindungslinie von X mit dem Schnittpunkt Y der beiden Spuren von A und B ist die gesuchte Schnittlinie x. Da man die Höhe von X kennt, ist die Umlegung (x) sofort konstruierbar und damit auch der Neigungswinkel α von x gegen Π (Fig. 9).

Solche Aufgaben spielen eine Rolle bei der Konstruktion von Dächern

4. Aufgaben über die Ebene

(Dachausmittlungen!), die in allen größeren Werken über darstellende Geometrie[8]) behandelt werden.

[56] Gesucht wird der Schnittpunkt von drei Ebenen. Eine zweimalige Durchführung von [55] führt zum Ziel.

Neigungswinkel zweier Ebenen.

[57] Man soll den Neigungswinkel α zweier Ebenen A und B bestim-

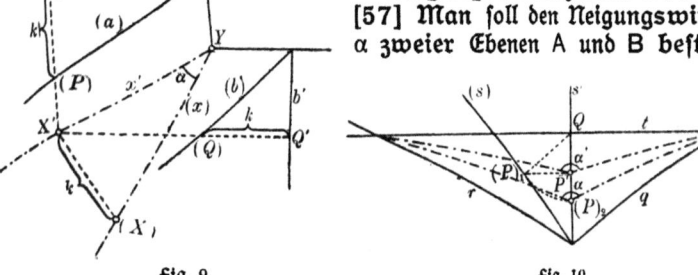

Fig. 9.   Fig. 10.

men. Zunächst könnte man von irgendeinem Punkt im Raum je ein Lot auf A und B fällen nach [49] und dann nach [11] den Winkel dieser beiden Lote bestimmen; er ist der Supplementwinkel des gesuchten. Will man aber die Aufgabe direkt lösen, so muß man zunächst nach [55] die Schnittgerade der beiden Ebenen bestimmen und zu ihr eine senkrechte Ebene E legen. Seien r und q die Spuren der Ebenen A und B und s die Schnittgerade, so möge t die Spur einer Ebene E sein, die $\perp s$ verläuft. Um den Schnittpunkt P von s mit E zu bestimmen, fällen wir von Q, dem Schnittpunkt von s' mit t, das Lot auf (s), der Fußpunkt $(P)_1$ muß dann der in Π umgelegte Punkt P sein. Legen wir dagegen die Ebene E um t in Π um, so fällt P in der Umlegung nach $(P)_2$, und die Verbindungslinien von $(P)_2$ mit den Schnittpunkten von t mit r und q geben den gesuchten Winkel, während die entsprechenden Verbindungen mit P' die Projektion dieses Winkels bei P auf Π geben (Fig. 10).

Haben die beiden Ebenen A und B eine Schnittgerade $s \parallel \Pi$, so liegt der gesuchte Winkel in einer zu Π senkrechten Ebene, die dann auch zu s senkrecht ist; in dieser Ebene konstruiert man den gesuchten Winkel.

Kürzester Abstand zweier windschiefen Geraden.

[58] Man soll zu zwei windschiefen Geraden a und b den kürzesten Abstand konstru-

ieren. Um zunächst festzustellen, was man darunter versteht, denken wir uns auf der Geraden a einen Punkt A wandern und jedesmal seinen Abstand von b gemessen. Einer dieser Abstände muß der kürzeste sein. Stellen wir uns dasselbe mit einem Punkt B längs b vor, so muß B ebenfalls einmal einen kürzesten Abstand von a haben. Diese beiden ausgezeichneten Lagen müssen aber zusammenfallen, da sonst zwei kürzeste Abstände möglich wären. Der kürzeste Abstand der beiden windschiefen Geraden ist somit diejenige Verbindungsgerade zweier Punkte auf a und b, die zugleich auf beiden senkrecht steht; man nennt sie daher auch das gemeinsame Lot.

Die Lösung von [58] beruht darauf, daß man diejenige Ebene E durch b legt, die zu a parallel ist; der Abstand der Geraden a von E ist der gesuchte. Eine zweite Lösung ist folgende: Man konstruiert [51] eine Ebene $\perp a$ und eine Ebene $\perp b$. Ihre Schnittlinie s muß zu der gesuchten Geraden parallel sein. Man hat also nur noch $\parallel s$ eine Gerade zu legen, die a und b schneidet; vgl. [19].

Besonders einfach wird die Konstruktion von [58], wenn eine der beiden Geraden $a \perp \Pi$ gegeben ist. Dann muß das gemeinschaftliche Lot $l \parallel \Pi$ sein, also wird sich auch $\sphericalangle (l, b)$ wieder als Rechter projizieren. Man braucht also nur von dem Punkt, der die Projektion von a darstellt, auf die Projektion b' von b das Lot zu fällen. Liegen die beiden Geraden a und b derart, daß $a' \parallel b'$, so ist das gesuchte gemeinschaftliche Lot gleich dem Abstand der beiden Projektionen a' und b', denn dieses ist dann $\parallel \Pi$. Man muß also in Π eine Gerade konstruieren, welche die zwei Punkte gleicher Höhen auf a' und b' verbindet.

4. Dreikantkonstruktionen.

Die verschiedenen Fälle. Drei von einem Punkt ausgehende Geraden, die nicht in einer Ebene liegen, bilden eine **dreiseitige Ecke** oder ein **Dreikant**. Die von je zwei Kanten gebildeten Winkel heißen die Seiten- oder Flächenwinkel, kurz die Seiten der Ecke, während die Winkel, unter denen die Ebenen je zweier Kanten gegeneinander geneigt sind, die Kantenwinkel oder kurz die Winkel der Ecke heißen; erstere werden mit a, b, c bezeichnet, letztere mit α, β, γ [*]). Aus je

---

[*]) Ausnahmsweise bezeichnen hier die kleinen lateinischen Buchstaben keine Geraden; diese Inkonsequenz in der Bezeichnung sei hier gestattet, weil diese Art der Bezeichnung bei den Dreikantkonstruktionen allgemein üblich ist und hier nicht zu Verwechslungen Anlaß bieten kann.

4. Dreikantkonstruktionen

dreien dieser sechs Stücke können die übrigen durch Konstruktion gefunden werden. Es sind folgende Fälle der gegebenen Stücke möglich:

I. 1. a, b, c 2. a, b, γ 3. a, b, α a, b, β
            b, c, α b, c, β b, c, γ
            c, a, β c, a, γ c, a, α

II. 1. α, β, γ 2. α, β, c 3. α, β, a α, β, b
              β, γ, a β, γ, b β, γ, c
              γ, α, b γ, α, c γ, α, a

Alle 20 Fälle lassen sich auf drei zurückführen. Zunächst die unter II auf die entsprechenden unter I mit Hilfe des Satzes über die Polarecke. Fällt man nämlich im Innern einer Ecke von einem beliebigen Punkt P auf die drei Seitenflächen der Ecke die Lote, so bilden diese eine Ecke, deren Seiten und Winkel entsprechend mit $a', b', c', \alpha', \beta', \gamma'$ bezeichnet werden mögen. Stellt man sich von einer Ecke mit ihrer Polarecke ein Modell her und fällt man außerdem von den Fußpunkten der drei Lote aus P auf die Seitenflächen in diesen die Lote auf die Kanten, so erkennt man ohne weiteres, daß je zwei dieser Lote in derselben Seitenfläche der Ecke die Winkel der Polarecke einschließen, während solche in zwei verschiedenen Seitenflächen die Winkel der Ecke einschließen. Je ein Winkel der Ecke liegt mit einer Seite der Polarecke in einem Vierecke, dessen beide anderen Winkel Rechte sind; dasselbe gilt von je einem Winkel der Polarecke und der entsprechenden Seite der Ecke. Hiernach gilt folgender Satz: Je ein Winkel einer Ecke ist der Supplementwinkel zur entsprechenden Seite der Polarecke, und umgekehrt je ein Winkel der Polarecke ist der Supplementwinkel zu der entsprechenden Seite der Ecke selbst. Kann man also die Aufgaben I lösen, so findet man die Lösungen der Aufgaben II dadurch, daß man z. B. bei II 1. aus den Supplementwinkeln zu α, β, γ, also aus a', b', c' die Ecke konstruiert, also α', β', γ' findet; die Supplemente zu α', β', γ' sind die gesuchten Seiten zu den gegebenen Winkeln α, β, γ.

Die drei Grundaufgaben. Die zehn verschiedenen Aufgaben I können nun auf die drei folgenden Aufgaben zurückgeführt werden, da sich die anderen durch zyklische Vertauschungen der Benennungen darauf zurückführen lassen:

1. a, b, c 2. a, b, γ 3. a, b, α.

Bei den Lösungen dieser drei Aufgaben denken wir uns stets eine Seite in Π gelegt; es soll dann jedesmal die Projektion der dritten in den Raum ragenden Kante auf Π gefunden, sowie die fehlenden drei Stücke konstruiert werden.

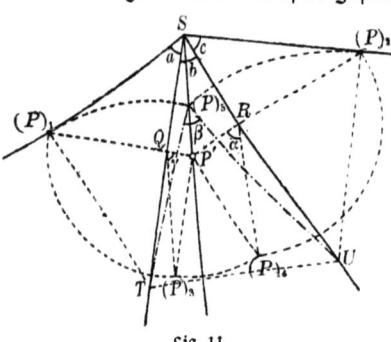

Fig. 11.

[59] Ein Dreikant soll aus den drei Seiten a, b, c konstruiert werden: Wir legen die drei gegebenen Größen a, b, c in die Ebene Π, so daß sie einen gemeinsamen Scheitel S und zwei gemeinsame Schenkel haben (Fig. 11). Die Aufgabe besteht nun darin, a und c je um den mit b gemeinsamen Schenkel herumzudrehen, daß sich ihre freien Schenkel zur dritten Kante der Ecke vereinigen. Wir greifen auf den beiden freien Schenkeln zwei Punkte $(P)_1$ und $(P)_2$ heraus, so daß $S(P)_1 = S(P)_2$. Bei dem herumdrehen wandern dann die Projektionen dieser Punkte auf Loten zu den gemeinsamen Schenkeln; ihre Fußpunkte heißen Q und R. Der Schnittpunkt der Lote muß P' sein, also die Projektion von P auf Π. SP' ist die Projektion der dritten Kante der Ecke auf Π. Die rechtwinkligen Dreiecke $QP'P$ und $RP'P$ können in der Umlegung um QP' und RP' konstruiert werden, weil man die eine Kathete QP' bzw. RP' und die Hypotenuse $QP = Q(P)_3 = Q(P)_1$ bzw. $RP = R(P)_4 = R(P)_2$ kennt. Die Winkel bei Q und R sind die gesuchten Neigungswinkel γ und α. Um β zu finden, denkt man sich in P zur Kante SP in den Seitenebenen der Seiten a und c Lote errichtet, die die beiden gemeinschaftlichen Schenkel SQ und SR in T und U schneiden. Schlägt man um T mit $T(P)_1$ und um U mit $U(P)_2$ Kreisbögen, so mögen sich diese in $(P)_5$ treffen. $\sphericalangle T(P)_5 U$ ist der dritte Winkel β der Ecke. Vgl. hierzu auch [57].

[60] Ein Dreikant soll aus zwei Seiten a, b und dem eingeschlossenen Winkel γ konstruiert werden. Legen wir a und b wieder wie oben hin, so kann daraus und mit Hilfe des Winkels γ die ganze Fig. 11 rekonstruiert werden. Man nimmt $(P)_1$ wieder beliebig an, zieht $(P)_1 Q$, konstruiert $\triangle QP'(P)_3$, $P'R$, $\triangle P'R(P)_4$ (da $P'(P)_3 = P'(P)_4$), $R(P)_2 = R(P)_4$ usw.

4. Dreikantkonstruktionen

[61] **Aufgabe**: Ein Dreikant soll aus zwei Seiten a, b und dem der einen Seite gegenüberliegenden Winkel α konstruiert werden.

Wir denken uns wieder a, b, c wie oben in Π ausgebreitet; jetzt soll aber die Seite c in Π festliegen, und es muß erst b herumgedreht werden und auch noch a um die dann im Raum liegende Kante. Wir greifen auf der a und b gemeinsamen Kante einen beliebigen Punkt $(P)_1$ heraus, fällen das Lot $(P)_1 Q$, tragen in Q an der Verlängerung α an und machen den freien Schenkel

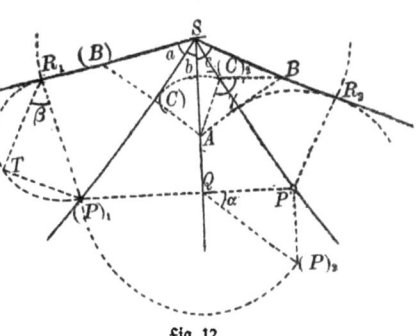

Fig. 12.

gleich $(P)_1 Q$ bis $(P)_2$, ziehen $(P)_2 P' \parallel SQ$. Die Lage des freien Schenkels von c kennen wir noch nicht, aber das Lot von P' auf diesen können wir bestimmen aus einem rechtwinkligen Dreieck, von dem die eine Kathete $PP' = (P)_2 P'$ ist. Die Hypotenuse in diesem rechtwinkligen Dreieck ist das von P in der Ebene von a auf jenen freien Schenkel gefällte Lot, das man erhält, wenn man von $(P)_1$ in dem schon gezeichneten Winkel a das Lot $(P)_1 R_1$ fällt. Innerhalb a ist diese andere Kathete als TR_1 konstruiert, wobei $(P)_1 T = P'(P)_2$ ist. Der gesuchte freie Schenkel für c von S aus muß jetzt Tangente an einen Kreis um P' mit TR_1 als Radius sein; R_2 sei Berührungspunkt, dann ist $\sphericalangle QSR_2 = \sphericalangle c$ und $\sphericalangle TR_1(P)_1 = \sphericalangle \beta$. Den Winkel γ findet man dadurch, daß man die a und b gemeinsame Kante in einem beliebigen Punkt C durch eine Ebene rechtwinklig schneidet, die die beiden anderen Kanten in A und B trifft. $\sphericalangle ACB$ ist dann der gesuchte. Die Konstruktion ergibt sich aus Fig. 12.

Vertauscht man in der eben behandelten Aufgabe a mit b und ersetzt man α durch β, so ist auch die erste der Aufgaben der zweiten Gruppe I. 3. gelöst. Auch die ersten drei Aufgaben von II. lassen sich direkt lösen, aber darauf gehen wir nicht ein.

Zu bemerken ist noch, daß für die Seiten und Winkel folgende Bestimmungen gelten müssen, falls die Konstruktionen möglich sein sollen: die Summe der Seiten (Σa) muß kleiner als 4 Rechte sein, während die Summe der Winkel ($\Sigma \alpha$) kleiner als 6 Rechte, aber größer als

40 I. Darst. Geometrie bei Verwendung nur einer Projektionstafel

2 Rechte sein muß. Die Aufgaben [59] und [60] sind dann stets möglich, dagegen muß bei Aufg. [61] $\angle a$ größer sein als $\angle PSP'$. (Weshalb?)

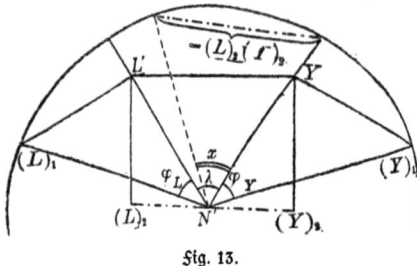

Fig. 13.

Anwendung auf die Nautik. Die Konstruktion kommt einfacher und schneller zum Ziel als die Rechnung mit Hilfe der sphärischen Trigonometrie. Viele Aufgaben der sphärischen Trigonometrie, insbesondere solche aus der Nautik, der mathematischen Erd- und Himmelskunde, sind konstruktiv in einfacher Weise zu lösen[6a]) und die erreichbare Genauigkeit ist für die Praxis wohl ebenso ausreichend wie andere graphische Methoden.[6b]) Besonders interessante Aufgaben aus dem Gebiete der Astronomie, die mit Hilfe der darstellenden Geometrie gelöst werden können, sind solche über die Sonnenuhr; wir verweisen da auf Scheffers.[8])

[62] Eine Aufgabe aus dem Gebiete der mathematischen Erd- und Himmelskunde werde im folgenden behandelt: Man soll die Länge des kürzesten Weges auf der Erdoberfläche von Lissabon nach Neuyork konstruieren, d. h. natürlich nur den Zentriwinkel zum zugehörigen Bogen im größten Erdkreis.

Die Äquatorebene sei unsere Zeichenebene Π; der Mittelpunkt des den Äquator darstellenden Kreises, der Erdmittelpunkt, kann dann als Projektion N' des Nordpols N auf Π angesehen werden. L' sei die Projektion von L (Lissabon) auf Π und Y' die von Y (Neuyork). Dann ist $\varphi_L = \angle LN'L'$ die geographische Breite von L, $\varphi_Y = \angle YN'Y'$ die von Y; ferner ist $\lambda_Y - \lambda_L = \lambda$ die Differenz der geographischen Längen der beiden Orte Y und L. Gesucht wird $\angle LN'Y = x$; er kommt vor in der vierseitigen Pyramide $N'(L'Y'LY)$, deren auf Π senkrechte Seitenflächen rechtwinklige Dreiecke sind, die sich konstruieren lassen; folglich kann auch $L'Y'$ und damit dann auch das Trapez $L'Y'LY$ in der Umlegung als $L'Y'(L)_2(Y)_2$ gefunden werden. Legt man schließlich LY irgendwie als Sehne in den Äquatorkreis, so ist der zugehörige Zentriwinkel x der gesuchte. Vgl. Fig. 13.

Auf diese Art hat man die Dreikantkonstruktionen nicht benutzt; will man das tun, so betrachtet man das sphärische Dreieck LYN

5. Körperdarst. mit einem Ausblick auf Durchdringungen usw. 41

auf der Kugeloberfläche oder das Dreikant $N'(LYN)$, von dem man die beiden Seiten $90-\varphi_L$, $90-\varphi_N$ kennt und den Winkel $\lambda = \lambda_Y - \lambda_L$ bei N. Man konstruiere diese zweite Lösung tatsächlich durch und vergleiche das Ergebnis mit dem der Fig. 13, wo genommen wurde:

$$\varphi_L = 38\tfrac{3}{4}°, \quad \lambda_L = 9\tfrac{1}{2}° \text{ w.} \quad \text{und} \quad \varphi_Y = 40\tfrac{1}{2}°, \quad \lambda_Y = 74° \text{ w.}$$

Die Konstruktion der fehlenden Seite liefert den gesuchten Winkel für den kürzesten Weg von L nach Y, während die fehlenden Winkel den Abfahrts- und Ankunftswinkel gegen die Nordsüdrichtung geben. Der Winkel, unter dem die Erdachse $N'N$ geneigt ist gegen die Ebene der gesuchten Seite, liefert die höchste nördliche Breite, die auf dem kürzesten Weg von Lissabon nach Neuyork erreicht wird.

5. Körperdarstellungen mit einem Ausblick auf Durchdringungen, Schattenkonstruktionen und schiefe Parallelprojektion.

Würfel und Quader. [63] Man gebe die Darstellung eines Würfels in beliebiger Lage. Diese Aufgabe wurde eigentlich schon durch [52] und [54] gelöst. Man braucht nämlich nur in Π die Projektion eines rechtwinkligen dreiseitigen Achsenkreuzes zu zeichnen und auf dessen Achsen vom Schnittpunkt aus drei gleichgroße Strecken — die Würfelkanten —, abzutragen. In Fig. 14 wurde so das Achsenkreuz $A(BCD)$ in der Projektion gezeichnet. Dann muß man durch die Achsenenden B, C, D jedesmal zu den beiden anderen Achsen Parallelen legen, die sich in den Würfelecken E, F, G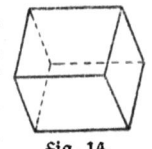

Fig. 14.

schneiden. Legt man schließlich noch durch diese so erhaltenen Ecken Parallelen zu den Achsen, so schneiden sie sich in H, der letzten Würfelecke. Diese Art des Aufbaus eines Würfels muß in der Projektion dieselbe sein, da Parallelen bei der Projektion als solche erhalten bleiben. In der Darstellung denkt man sich dann den Würfel von oben betrachtet, so daß man die von A ausgehenden Kanten nicht sieht, sie wurden daher gestrichelt gehalten, alle anderen Kanten sind sichtbar.

Etwas umständlicher kommt man auf folgende Art zur Lösung der Aufgabe [63]. Wir deuten sie trotzdem an, weil ihre Durchführung ein vielfach benutztes Verfahren enthält. Man denkt sich den Würfel

42 I. Darst. Geometrie bei Verwendung nur einer Projektionstafel

zunächst mit einer Seitenfläche in Π liegen und kippt ihn aus dieser Lage um eine Kante etwas auf, vielleicht um den Winkel α. Die

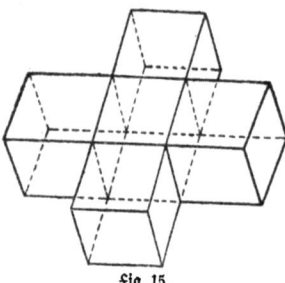

Fig. 15.

Verkürzung der dann nicht mehr zu Π parallelen Seitenkanten konstruieren wir in der Umlegung ihrer Seitenfläche in Π und zwar um eine Gerade, die sich als Schnittgerade jener Seitenfläche mit Π ergibt. Um jene selbe Schnittgerade kippen wir den ganzen Würfel abermals etwas auf, etwa um den Winkel β, so daß dann nur noch eine Ecke in Π liegt. Die neuen Verkürzungen der nach der ersten Drehung noch parallel gebliebenen Kanten konstruieren wir durch Umlegungen der durch diese Kanten zu Π senkrecht verlaufenden Ebenen in Π. Auch bei dieser Lösung empfiehlt es sich zunächst die Konstruktion für drei von einer Ecke ausgehende Kanten zu zeichnen und dann wie oben durch Parallelen den Würfel zu vervollständigen.

[64] Man zeichne auf eine der beiden eben beschriebenen Arten die Projektion eines Quaders, dessen Kanten 2, 3 und 4 cm lang sind, falls man zuerst einmal um einen Winkel von 30° und dann um einen solchen von 45° auftippt.

Körper, die sich aus dem Würfel ableiten lassen. [65] Man soll den Körper darstellen, der entsteht, wenn man auf vier solche Seitenflächen des Würfels, deren Schnittkanten zueinander parallel laufen, ebensolche Würfel aufsetzt. Man hat die in Betracht kommenden Kanten nach beiden Seiten um sich selbst zu verlängern und die Endpunkte zu verbinden, wie es in Fig. 15 geschah. Ferner konstruiere man
[66] den Körper, der aus dem Würfel entsteht, wenn man durch die Mittelpunkte je dreier in einer Ecke zusammenstoßenden Kanten Ebenen legt und so die 8 Ecken des Würfels abschneidet.
[67] Darstellung des Rhombendodekaeders. Dieser Körper entsteht aus dem Würfel, wenn man auf die 8 Seitenflächen gerade Pyramiden aufsetzt, deren Höhe gleich einer halben Würfelkante ist. Benachbarte Seitenflächen je zweier benachbarter Pyramiden bilden dann eine ebene Figur (weshalb?), und zwar einen Rhombus, so daß 12 Rhomben den neuen Körper bilden. Die Spitzen der Pyramiden erhält man durch Verbindung der Mitten zweier zueinander parallelen

5. Körperdarst. mit einem Ausblick auf Durchdringungen usw. 43

Quadrate und Verlängerung nach beiden Seiten um die halbe Würfelkante; ihre Verkürzung ist durch die zu ihnen parallelen Würfelkanten gegeben.

[68] **Darstellung des regelmäßigen Oktaeders.** Man erhält diesen Körper aus dem Würfel durch Verbindung der Mittelpunkte der Quadrate oder direkt durch Verbindung der Endpunkte eines dreiseitigen, rechtwinkligen Achsenkreuzes mit gleichlangen Achsen, die man auch über den Achsenschnittpunkt hinaus verlängert und ebenfalls den ursprünglichen Achsen gleich gemacht hat. So wurde es in Fig. 16 gezeichnet.

[69] Das regelmäßige **Tetraeder** erhält man aus dem Würfel, indem man in zwei parallelen Seitenflächen zwei zueinander windschiefe Flächendiagonalen zeichnet und deren Endpunkte miteinander verbindet.

Fig. 16.

[70] **Darstellung des regulären Dodekaeders und Ikosaeders.** Das Dodekaeder, ein aus 12 untereinander kongruenten Fünfecken bestehender Körper, entsteht aus dem Würfel, indem man auf die Würfelflächen dachförmige Körper aufsetzt, wobei der Dachfirst gleich der Seite desjenigen regelmäßigen Fünfecks ist, dessen Diagonale gleich der Würfelkante ist; die Höhe des Daches ist gleich dem halben Dachfirst. Die Projektion dieses Dachfirstes auf die jeweilige Würfelfläche muß in der Mitte parallel zu zwei Würfelkanten liegen; ferner laufen die Dachfirste, die man auf gegenüberliegenden Würfelflächen aufgesetzt hat, zueinander parallel, während solche von zwei benachbarten Dächern zueinander windschief, aber rechtwinklig sind. Man überlege sich, weshalb benachbarte Dachflächen aneinander angrenzender Dächer in ein ebenes, gleichseitiges Fünfeck übergehen.

[71] Das Ikosaeder erhält man aus dem Dodekaeder, wenn man die Mittelpunkte der Fünfecke des letzteren miteinander verbindet und umgekehrt.

Rechtwinklige Axonometrie. Bei den bisher dargestellten Körpern legten wir stets einen Würfel zugrunde oder, was auf dasselbe hinauskommt, ein dreiseitiges rechtwinkliges Achsenkreuz. Die Darstellung eines solchen mit Angabe der Verkürzungen ist schon die Grundaufgabe der rechtwinkligen Axonometrie, die bei axonometrischer Darstellung immer wiederkehrt. Denkt man sich irgendeinen Körper, vielleicht einen Maschinenteil, in einem solchen Achsenkreuz gelegen, so kann man von seinen markanten Punkten Lote auf die Ebenen des

44 I. Darst. Geometrie bei Verwendung nur einer Projektionstafel

Achsenkreuzes fällen, so daß jeder solche Punkt einen Quader bestimmt. Alle diese Quader kann man sich dann nach Aufgabe [64] axonometrisch dargestellt denken, wenn man die Abstände jener Punkte von den Achsenebenen oder die Projektionen dieser Abstände auf die Achsen kennt. Uns interessieren natürlich nur die Ecken der Quader, die mit den Punkten des darzustellenden Körpers zusammenfallen; kann man diese darstellen, so kann man den Körper selbst auch darstellen.

Fig. 17.

Es ist also bei einer axonometrischen Darstellung eines Körpers nur nötig, daß man ihn auf ein rechtwinkliges dreiseitiges Achsenkreuz beziehen kann, d. h. daß man die Entfernungen der Projektionen seiner Punkte auf die Achsen vom Achsenschnittpunkt kennt. Da mit der Konstruktion des Achsenkreuzes auch die Verkürzungen der Achsen bekannt sind, kann man durch Ziehen von Parallelen leicht zu den einzelnen Punkten gelangen. Die axonometrische Darstellung gibt von Körpern, wie man sich ausdrückt, eine plastische Darstellung, die durch Mitzeichnung der Achsen erhöht wird. Man wird natürlich besonders einfache axonometrische Darstellungen vorziehen, z. B. eine solche, bei der das Achsenkreuz mit den Achsen unter gleichen Winkeln gegen die Projektionsebene geneigt ist, weil dann das Verkürzungsverhältnis für alle Achsen dasselbe ist und diese unter $120°$ gegeneinander geneigt sind. In der beigegebenen Fig. 17 ist für den letzteren Fall ein Punkt dargestellt, dessen Entfernungen von den Achsenebenen sich wie $1:2:3$ verhalten.

Durchdringungen. Hat man zwei Körper in senkrechter Projektion dargestellt, so kann es vorkommen, daß sie ineinander eindringen oder daß sie sich sogar ganz durchdringen. Um die Eindringungsfigur, die einteilig ist, oder die Durchdringungsfigur, die zweiteilig ist, zu finden, muß man die Kanten jedes der beiden Körper mit dem anderen Körper zum Schnitt bringen, sofern sie überhaupt in den anderen Körper eindringen. Die Grundaufgabe dafür besteht also darin, einen Körper mit einer Geraden zum Schnitt zu bringen. Diese Aufgabe wurde bereits in den Aufgaben [14] bis [16] besprochen. Auf diese Durchdringungsaufgaben kommen wir S. 81 ff. noch zu sprechen.

Schattenkonstruktionen. Ist paralleles Licht vorhanden (angenähert Sonnenlicht), so wirft jeder Punkt eines Dreiecks einen Schatten in die Projektionsebene, also das ganze Dreieck wieder ein Dreieck, das Schattendreieck. Will man diesen Schatten konstruieren, so muß man die Licht-

5. Körperdarst. mit einem Ausblick auf Durchbringungen usw. 45

strahlen durch die Eckpunkte mit Π zum Schnitt bringen. Wir stehen also vor der Aufgabe, durch einen Punkt in gegebener Richtung eine Gerade zu legen, deren Spur mit Π bestimmt werden soll; vgl. Aufgabe [5] und [48]. Man löse hiernach folgende Aufgaben:

[72] In der Horizontalebene Π stehe ein Stuhl (schematische Zeichnung!); man soll bei gegebenem parallelem Licht den Schatten in Π bestimmen.

[73] Man bestimme die Schattenverhältnisse bei einer offenen in Π stehenden Kiste (auch im Innern!).

Ist die Lichtquelle punktförmig und im Endlichen gelegen, so besteht die Grundaufgabe der Bestimmung des Schattens in der Aufsuchung der Spur des durch zwei Punkte (Lichtquelle und Punkt des Körpers) bestimmten Strahls mit Π. [74] und [75] Man löse auch dafür die beiden letzten Aufgaben! Die Aufgabe, den Schatten eines Körpers auf einem anderen Körper festzustellen, wird gelöst als Durchbringungsaufgabe des Schattenprismas oder der Schattenpyramide mit dem anderen Körper.

Schiefe Parallelprojektion, allgemeine Axonometrie. Mit den Aufgaben [72] und [73] sind eigentlich auch schon die Grundaufgaben der schiefen Parallelprojektion erledigt. Denken wir uns das Drahtmodell eines Würfels, so ist sein Schatten eine Darstellung des Würfels in schiefer Parallelprojektion. Hier erscheint der Würfel um so verzerrter, je weniger die Projektionsstrahlen gegen Π geneigt sind. Sind zwei Würfelflächen parallel zu Π, so werden diese in derselben Größe und wieder als Quadrat abgebildet. Es kann also bei der schiefen Parallelprojektion eines dreiseitigen Achsenkreuzes sehr wohl vorkommen, daß in der Projektion zwei Achsen aufeinander senkrecht stehen, was offenbar bei der rechtwinkligen Projektion nicht möglich ist, falls man den einen Fall ausschaltet, wo die dritte Achse ⊥ Π ist. Im übrigen führt hier die Projektion unseres senkrechten Achsenkreuzes zur schiefwinkligen oder allgemeinen Axonometrie im Gegensatz zu den Betrachtungen von S. 43f., wo die rechtwinklige Projektion eines senkrechten Achsenkreuzes zur rechtwinkligen Axonometrie führte.

Der Hauptsatz für die allgemeine Axonometrie ist von Pohlke um die Mitte des vorigen Jahrhunderts aufgestellt worden und lautet:

Drei beliebige in einer Ebene gelegene und von einem Punkt O' derselben ausgehende Strecken $O'A'$, $O'B'$, $O'C'$ — sofern O', A',

B', C' nicht in einer Geraden liegen — können stets als die schiefwinklige Parallelprojektion eines gleichseitigen, rechtwinkligen Achsenkreuzes $OABC$ angesehen werden.

Den Beweis dieses Satzes müssen wir uns aus Raummangel versagen. Alle größeren Lehrbücher[8]) beschäftigen sich mit ihm (besonders Scheffers). Wir führen den Satz an, weil wir uns mit seinem Spezialfall der rechtwinkligen Axonometrie eingehender befaßt haben.

Nach diesem Satz ist es nicht schwer (genau wie früher S. 44), sich von irgendeinem Körper ein axonometrisches Bild zu entwerfen, wenn man die Abstände der markanten Punkte des Körpers von den drei Achsenebenen kennt. Wir werden auf solche Konstruktionen noch später (S. 77) zurückkommen. Natürlich geben nicht alle Lagenmöglichkeiten $O'A'B'C'$ günstige Bilder. Da zeigt sich eben die große Annehmlichkeit des obigen Satzes, nach dem man sich die günstigsten Lagenverhältnisse selbst heraussuchen kann. Als beste Regel gilt da die folgende: Wähle eine derartige Projektion $O'A'B'C'$, daß die Ergänzung zum Würfel ein günstiges Bild gibt. Natürlich wird man auch solche Winkel und Verkürzungen wählen, die unschwer herzustellen sind, wie Winkel von $90°$, $45°$ oder $30°$ und Verkürzungen von $\frac{1}{1}$, $\frac{1}{2}$ oder $\frac{1}{3}$.

Allgemein ist zu den Abbildungen in schiefwinkliger Parallelprojektion oder Axonometrie zu sagen, daß sie erst dann richtig wirken, wenn man sie in der Richtung (strenggenommen aus dem Unendlichen) der Projektionsstrahlen betrachtet. Für kleinere Objekte, wie z. B. Maschinenteile, genügt diese Darstellung immer. Erst wenn die Objekte größer werden (Häuser, Brücken), wird man störend empfinden, daß bei allen Parallelprojektionen gewisse perspektivische Wirkungen fehlen; das kann nur bei Darstellungen durch Zentralprojektion vermieden werden.

6. Zentralprojektion.

Die Aufgaben [74] und [75] führten bereits zur Zentralprojektion oder Perspektive; der Schatten eines Gegenstandes bei endlicher punktförmiger Quelle auf eine Ebene ist eben eine Zentralprojektion jenes Gegenstandes auf die Ebene. Im folgenden wollen wir zugleich als Abschluß der darstellenden Geometrie bei Verwendung nur einer Projektionsebene einige Grundaufgaben der Zentralprojektion erledigen. Auf die Hauptaufgabe der Zentralprojektion selbst, perspektivische

6. Zentralprojektion

Bilder zu entwerfen, brauchen wir um so weniger einzugehen, als diesem Gegenstand bereits ein Bändchen dieser Sammlung gewidmet ist.[7]

Darstellung des Punktes und der Geraden. Als Projektionszentrum (Auge) wählen wir einen Punkt Z und bezeichnen seine rechtwinklige Projektion auf die Bildebene Π mit Z'. Z ist dann bestimmt, wenn seine Höhe, die Länge ZZ' oder die Distanz, gegeben ist; wir denken uns um Z' mit ZZ' einen Kreis geschlagen und nennen ihn Distanzkreis. Der Punkt Z' wird gewöhnlich als Augenpunkt bezeichnet; er ist der einzige Punkt, in dem der Projektionsstrahl $\perp \Pi$ steht.

Um den Zusammenhang mit dem Früheren zu behalten, denken wir uns jetzt genau wie auf S. 17 eine Gerade g gegeben durch g' und (g); ihr Spurpunkt mit Π werde mit G'_s bezeichnet. Auf g liege ein Punkt A. Wir wollen jetzt g und A

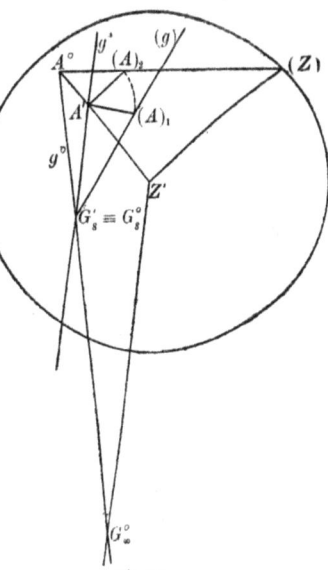

Fig. 18.

von Z aus auf Π projizieren. Zu diesem Zweck legen wir das Trapez $A'Z'AZ$ um $A'Z'$ in die Ebene Π als $A'Z'(A)_2(Z)$. Die Verlängerung $(A)_2(Z)$ schneidet dann die von $A'Z'$ in A^0, dem Bild von A. $A^0 G'_s$ ist dann die Zentralprojektion von $g = A G'_s$ aus Z auf Π, wir sagen kurz die Abbildung oder das Bild von g und bezeichnen es durch einen oberen Index: g^0. Da G'_s sein eigenes Bild ist, mag es ebenfalls durch G^0_s bezeichnet sein. Von besonderer Bedeutung ist das Bild des unendlich fernen Punktes der Geraden g. Man findet es, wenn man durch Z eine Parallele zu g zieht und ihren Schnittpunkt mit Π bestimmt; er sei mit G^0_∞ bezeichnet. In Fig. 18 kommt es auf dasselbe hinaus, wenn wir durch Z' eine Parallele zu g' ziehen und sie mit g^0 zum Schnitt bringen.

Das Bild g^0 einer Geraden g ist hiernach vollständig bestimmt, wenn man G^0_s und G^0_∞ kennt. Ist der Distanzkreis gegeben, so kann man g im Raum aus g^0 rekonstruieren. Aus der Konstruktion von G_∞^0 ergibt sich ferner, daß wir zu demselben Punkt kommen, wenn wir irgendeine zu g parallele Gerade verwendet hätten. Mit anderen Worten: Ein Bündel paralleler Geraden wird in der Abbildung zu einem Strahlenbüschel, dessen Mittelpunkt jener Punkt G_∞^0 ist. Man bezeichnet diesen Punkt als **Fluchtpunkt**. Hiernach wird z. B. Z' der Fluchtpunkt aller auf Π senkrechten Geraden sein, ferner werden die Fluchtpunkte aller Geraden, die unter 45^0 gegen Π geneigt sind, auf dem Distanzkreis liegen. Nur solche Geraden, die zu Π parallel sind, werden wieder als Parallele abgebildet (Fluchtpunkt und Spurpunkt liegen im Unendlichen und fallen zusammen); außer der Richtung des Spurpunktes muß da noch ein Punkt gegeben sein. Fallen im Endlichen G_s^0 und G_∞^0 zusammen, so haben wir einen Sehstrahl vor uns, also eine durch Z gehende Gerade.

Um auch den Punkt P aus P^0 rekonstruieren zu können, denken wir ihn uns stets auf einer Geraden $g^0 = G_s^0 G_\infty^0$ gegeben; da wir g selbst finden können, ist es auch für P möglich.

Darstellung der Ebene. Irgendeine Ebene E mag Π in der Spurgeraden e_s^0 schneiden. Eine parallele Ebene durch Z zu E wird dann Π in einer zu e_s^0 parallelen Geraden schneiden, die wir analog der Bezeichnung bei der Geraden durch e_∞^0 kennzeichnen und mit dem Namen **Fluchtgerade** der Ebene E belegen wollen. Dann ist wieder e_∞^0 zugleich die Fluchtgerade aller zu E parallelen Ebenen, mit anderen Worten: Parallele Ebenen haben dieselbe Fluchtgerade. Jede Ebene ist wieder durch ihre Spur- und Fluchtgerade bestimmt. Irgendeine Gerade der Ebene wird dann mit ihrem Spurpunkt auf e_s^0 und mit ihrem Fluchtpunkt auf e_∞^0 liegen. Ist eine Ebene parallel zu Π, so fallen e_s^0 und e_∞^0 in die unendlich ferne Gerade, und eine solche Ebene ist durch einen ihrer Punkte bestimmt. Aber auch bei Ebenen durch Z (Sehebenen) fallen e_s^0 und e_∞^0 zusammen. Ebenen $\perp \Pi$ haben Fluchtgeraden, die durch den Augenpunkt Z' verlaufen. Ebenen, die gegen Π unter 45^0 geneigt sind, haben Fluchtgeraden, die Tangenten an den Distanzkreis sind. Diese Sätze sind alle durch die Definition der Fluchtgeraden einer Ebene bedingt und bedürfen weiter keiner Erläuterung. Die bisherigen Betrachtungen geben uns die Möglichkeit, sofort an die Behandlung einiger Grundaufgaben zu gehen.

Grundaufgaben. Soweit es sich nur um Aufgaben der reinen Geometrie der Lage handelt, sobald also von Maßbeziehungen (wahrer

6. Zentralprojektion

Länge von Strecken und Winkeln, Abständen, Senkrechtstehen von Geraden usw.) nicht die Rede ist, werden wir den Distanzkreis nicht brauchen. Die Zeichnungen gelten dann gewissermaßen für jedes Auge. Aus diesem Grunde spricht man auch von einer Zentralprojektion oder Perspektive ohne Auge; man hat sie auch die Perspektive der Blinden genannt. Wir geben zunächst davon die wichtigsten Aufgaben.

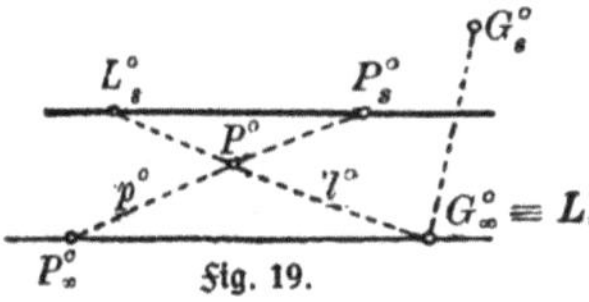

Fig. 19.

Die Darstellung [76] sich schneidender und [77] sich kreuzender Geraden beruht darauf, daß sich schneidende Geraden in derselben Ebene liegen, d. h. ihre Spurpunkte müssen auf der Spurlinie der Ebene und ihre Fluchtpunkte auf der Fluchtlinie der Ebene liegen. Sind also g und h die beiden Geraden, so muß $G_s^0 H_s^0 \parallel G_\infty^0 H_\infty^0$ sein, und der Schnittpunkt S^0 von g^0 und h^0 ist das Bild des Schnittpunktes S der gegebenen Geraden. Ist dagegen $G_s^0 H_s^0 \nparallel G_\infty^0 H_\infty^0$, so stellen g^0 und h^0 zwei windschiefe Geraden dar, der Schnitt von g^0 und h^0 hat jetzt keine Bedeutung, es sei denn, daß man ihn als den scheinbaren Schnittpunkt von g und h aus Z betrachtet.

[78] Man soll durch einen gegebenen Punkt P zu einer gegebenen Geraden g die Parallele l legen. g sei gegeben durch $g^0 = G_s^0 G_\infty^0$ und P durch P^0, gelegen auf $p^0 = P_s^0 P_\infty^0$. Verbinden wir P^0 mit G_∞^0, so ist das schon l^0. Aber die Gerade l ist erst bestimmt, wenn ich nicht nur ihren Fluchtpunkt $L_\infty^0 \equiv G_\infty^0$ habe, sondern auch ihren Spurpunkt L_s^0. Diesen findet man durch Kennzeichnung der Ebene (pl), deren Fluchtgerade $P_\infty^0 L_\infty^0$ ist und deren Spurgerade durch P_s^0 dazu parallel verläuft; ihr Schnittpunkt mit l^0 gibt L_s^0 (Fig. 19). Damit ist aber die gesuchte Parallele l^0 vollständig bestimmt. Aber auch die folgende Aufgabe ist dadurch gelöst:

[79] Durch einen Punkt P und eine Gerade g soll eine Ebene gelegt werden. Die Ebene ist bestimmt durch g und ihre Parallele l durch P. Da aber in Fig. 19 die Spurgerade der gesuchten Ebene durch $G_s^0 L_s^0$ schon bestimmt ist, hat man nur noch dazu durch $G_\infty^0 \equiv L_\infty^0$ die Parallele zu legen, die die Fluchtgerade der gesuchten Ebene abgibt.

[80] Man soll die Schnittgerade g zweier Ebenen A und B finden. Die Ebenen sind gegeben durch ihre Spurgeraden a_s^0 und b_s^0 und ihre Fluchtgeraden a_∞^0 und b_∞^0. Wie die beigegebene Fig. 20 zeigt, führt

50 I. Darst. Geometrie bei Verwendung nur einer Projektionstafel

der Schnitt der Spurgeraden zum Spurpunkt und der Schnitt der Fluchtgeraden zum Fluchtpunkt der Schnittgeraden g*).

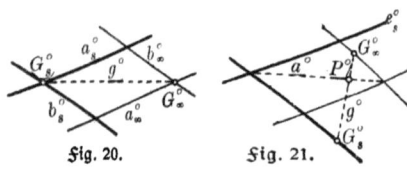

Fig. 20.   Fig. 21.

[81] Man soll eine Gerade g mit einer Ebene E zum Schnitt bringen. Legt man eine beliebige Hilfsebene H durch g, dann kann man die Schnittgerade a von E und H finden, und deren Schnittpunkt P mit g liefert den gesuchten Punkt; vgl. Fig. 21.

[82] Man soll die Verbindungsgerade zweier Punkte A und B finden. A und B sind gegeben als Punkte je einer Geraden $a(A_s^0 A_\infty^0)$ und $b(B_s^0 B_\infty^0)$. Legt man nach [79] durch die Gerade a und den Punkt B eine Ebene E, so geben die Schnittpunkte von AB mit e_s^0 und e_∞^0 die gesuchten Spur- und Fluchtpunkte der Verbindungsgeraden c.

[82a] Wie findet man hiernach Spur- und Fluchtgerade einer durch 3 Punkte bestimmten Ebene?

[83] Man soll durch einen gegebenen Punkt P zu einer gegebenen Ebene E die Parallelebene konstruieren. Die gesuchte Ebene hat als Fluchtgerade dieselbe wie E. Man braucht also nur noch die Spurgerade zu suchen oder einfacher nur einen ihrer Punkte. Man legt durch P, gelegen auf $p(P_s^0 P_\infty^0)$, eine beliebige aber zu E parallele Gerade h; ihr Fluchtpunkt muß auf e_∞^0 liegen. Durch Konstruktion der Spurgeraden der Ebene $(p_1 h)$ findet man den Spurpunkt der Hilfsgeraden h und durch diesen muß die Spurgerade der gesuchten Ebene $\parallel e_s^0$ verlaufen.

Nach diesen Grundaufgaben versuche man die schwierigeren früheren Aufgaben [18] und [19] zu lösen.

[84] Auf einer Geraden g $(G_s^0 G_\infty^0)$ ist eine Strecke AB gegeben; sie soll in n gleiche Teile geteilt werden. Man legt durch g eine beliebige Ebene E und verbindet irgendeinen Punkt P auf e_∞^0 mit A^0 und B^0, bringt PA^0 und PB^0 mit e_s^0 zum Schnitt in C und D und teilt CD in n gleiche Teile. Die Strahlen von den Teilpunkten nach P (in Wirklichkeit Parallelen in E, da P im Unendlichen liegt) geben dann auf $A^0 B^0$

---

*) Wir empfehlen zur besseren Unterscheidung in dieser Art von Aufgaben die Spur- und Fluchtgeraden einer Ebene auszuziehen (erstere stärker), dagegen Gerade zu stricheln.

6. Zentralprojektion

die gesuchten Teilpunkte, weil sie ja die Spur e_s^0 in der gewünschten Weise teilen.

Maßaufgaben. [85] Gesucht wird die wahre Länge einer Strecke AB, deren Bild $A^0 B^0$ auf der Geraden $g^0 \equiv G_s^0 G_\infty^0$ gegeben ist.

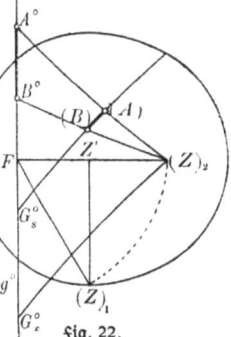

Fig. 22.

Man denkt sich durch das Projektionszentrum Z und AB die projizierende Ebene E gelegt, deren Spurgerade dann mit g^0 zusammenfällt. Dreht man dann E um g^0 hinein in Π, so muß AB in der Umlegung $(A)(B)$ die gesuchte wahre Länge ergeben. Denkt man sich von Z auf g^0 das Lot ZF gefällt, so sei $(Z)_1 F$ die wahre Länge desselben, so daß Z durch das Umlegen nach $(Z)_2$ gelangt. Die umgelegte Gerade g muß auch nach der Umlegung von G_s^0 ausgehen und auch dann noch parallel zu ZG_∞^0, also zu $(Z)_2 G_\infty^0$ sein, so daß man nur durch G_s^0 eine Parallele zu $G_\infty^0 (Z)_2$ zu ziehen hat, um g in der Zeichnung (Fig. 22), also (g), zu erhalten. Die Schnittpunkte von (g) mit $(Z)_2 A^0$ und $(Z)_2 B^0$ liefern die gesuchte Strecke $(A)(B)$.

In dieser Weise könnte man auch Seite für Seite von ebenen Figuren behandeln, um deren wahre Größe zu ermitteln, oder umgekehrt, um deren perspektive Bilder zu finden. Man kann nun frühere Sätze benutzen und die Konstruktion vereinfachen, wenn man bedenkt, daß die zu projizierende ebene Figur (der Gegenstand) zum Bild perspektiv liegt, wobei Z Perspektivitätszentrum und die Spurgerade der Ebene, in der die Figur liegt, Perspektivitätsachse ist. Gegenstand und Bild liegen auch nach der Umlegung noch perspektiv, wobei die Perspektivitätsachse dieselbe wie vorher ist. Nur das Perspektivitätszentrum ist ein anderes; es ist, worauf wir nicht näher eingehen, die Umlegung des Perspektivitätszentrums mit der Fluchtebene in Π.

Um die wahre Größe eines Winkels zu finden, muß man bedenken, daß die Fluchtgeraden der Schenkel denselben Winkel bilden, und dieser kann dann nach den bisherigen Betrachtungen unschwer gefunden werden.

Bezüglich des Senkrechtstehens von Geraden auf Ebenen oder umgekehrt sei kurz folgendes angedeutet. Alle Lote auf einer Ebene sind zueinander parallel, haben also denselben Fluchtpunkt. Man kon=

struiert also das Lot vom Projektionszentrum auf die Ebene und dessen Spurpunkt ist jener Fluchtpunkt. Hat man also auf irgendeinem Punkt der Ebene das Lot zu errichten, so braucht man nur dessen Bild mit jenem Fluchtpunkt zu verbinden. Analog ist es mit einer Ebene, die in einem bestimmten Punkt auf einer Geraden senkrecht steht.*)

II. Die Mongesche Zweitafelmethode.

7. Der Punkt und die Gerade.

Erklärung der Zweitafelmethode. Im ersten Teil wurden raumgeometrische Aufgaben durch Projektion auf eine Ebene (Π) gelöst. Monge projizierte außerdem noch auf eine zweite Ebene, die zu Π senkrecht steht. Dann ist der Abstand irgendeines Punktes von der ersten Ebene gegeben durch den Abstand seiner Projektion in der zweiten Ebene von der Schnittgeraden dieser Ebene mit der ersten Ebene. Wir bezeichnen die erste Ebene durch Π_1 und die zweite durch Π_2, entsprechend die Projektionen eines Punktes P durch P_1 und P_2.**) Solche zu Π_1 senkrechte Ebenen hatten wir bisher auch schon verwendet; um in diesen zeichnen zu können, drehten wir sie um ihre Schnittgerade mit Π hinein in Π. Dies tun wir jetzt auch wieder und nennen diese Schnittgerade Achse. Für gewöhnlich denken wir uns Π_1 horizontal gelegen und können sie als Horizontalebene bezeichnen, während Π_2 dann Vertikalebene genannt wird. $P_1 P_2$ steht nach der Umlegung senkrecht zur Achse und soll Achsenlot heißen. Irgendwelche räumliche Aufgaben könnten nun genau wie früher gelöst werden, da man ja die Projektion eines räumlichen Gebildes in Π_1 kennt und die nötigen Abstände von der Projektionsebene Π_1 aus Π_2 abgreifen könnte. Aber die Zusammenfassung beider Projektionen nach der Umlegung gestattet meistens einfachere oder praktischere Lösungen, und darin liegt der Wert der Zweitafelmethode. Außerdem bieten die beiden Projektionen die Ansichten von „oben" (Blickrichtung

---

*) Bezüglich eingehenderer Darstellung dieser letzten Betrachtungen verweisen wir wieder auf die Literaturangaben im Anhang unter 8), im besonderen auf Rohn-Papperitz.
**) In vielen Werken bezeichnet man die Tafelebenen auch durch Π' und Π'' und entsprechend die Projektionen eines Punktes P durch P' und P''.

7. Der Punkt und die Gerade

⊥ Π_1) und von „vorn" (⊥ Π_2). Diese beiden Ansichten bezeichnet man auch als **Grundriß** und **Aufriß** oder entsprechend den Ebenen Π_1 und Π_2 als „**erste und zweite Projektion**".⁸)

Der Punkt. Die beiden Tafelebenen Π_1 und Π_2 teilen den ganzen Raum in vier Quadranten. Den Beschauer denkt man sich für gewöhnlich „oberhalb" Π_1 und „vor" Π_2 und nennt diesen Teil des Raumes den I. Quadranten; der hinter Π_2 gelegene obere Quadrant ist dann der II.,

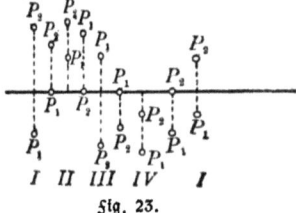

Fig. 23.

der hintere untere Quadrant ist der III. und der vordere untere der IV. Quadrant. Wenn es irgend angeht, wird man alles in den I. Quadranten legen. Die Umlegung von Π_2 hinein in Π_1 um die Achse geschieht stets so, daß sich der I. Quadrant öffnet, so daß also der hintere Teil von Π_1 mit dem oberen von Π_2 zur Deckung kommt. Demnach wird ein Punkt P im I. Quadranten bestimmt durch seine Projektionen P_1 und P_2, wovon nach der Umlegung P_1 unterhalb der Achse und P_2 oberhalb derselben liegen muß. Bewegt sich dieser Punkt P aus dem I. Quadranten nach dem II., so muß er dabei durch Π_2 hindurch; das drückt sich in der Projektion dadurch aus, daß sich dann P_1 der Achse nähert, während des Passierens von Π_2 auf der Achse liegt und schließlich oberhalb der Achse liegt, wenn P sich im II. Quadranten befindet. Wandert nun P weiter aus dem II. Quadranten nach dem III., so nähert sich jetzt in der Projektion P_2 der Achse, liegt im Fall des Passierens von Π_1 auf der Achse und liegt schließlich, wenn P im III. Quadranten liegt, unterhalb der Achse. Denkt man sich P ferner aus dem III. nach dem IV. Quadranten wandernd, so wird $P\,\Pi_2$, also P_1 die Achse passieren usw. In Fig. 23 ist die Aufgabe gelöst:

[86] Man soll die Projektionsbilder eines Punktes P zeichnen, falls P der Reihe nach sich in allen vier Quadranten befindet, im besonderen auch wenn P gerade von einem in den anderen Quadranten übergeht.

Fallen P_1 und P_2 aufeinander, so liegt P entweder im II. oder im IV. Quadranten, je nachdem sich dieser Doppelpunkt oberhalb oder unterhalb der Achse befindet; außerdem liegt P von beiden Projektionsebenen gleichweit entfernt, d. h. auf der Halbierungsebene des

II. Die Mongeſche Zweitafelmethode

II. und IV. Quadranten. Liegt im beſonderen jener Doppelpunkt auf der Achſe, ſo liegt P ſelbſt auf der Achſe.

Die Strecke. [87] Man ſoll die Entfernung zweier durch ihre Projektion gegebenen Punkte P und Q ermitteln. Das war auch die frühere Aufgabe [1]. Wir können ſie hier ebenſo löſen wie dort und zwar einmal durch Umlegung des Trapezes PQP_1Q_1 in Π_1 und einmal durch das entſprechende von PQP_2Q_2 in Π_2, wobei ſich beidemal dieſelbe Länge ergeben muß. Aber wir können hier noch eine andere Löſung angeben, wenn wir bedenken, daß eine Strecke, die z. B. $\| \Pi_2$ liegt, in wahrer Größe in Π_2 projiziert wird. Man dreht die durch $PQ \perp \Pi_1$ gehende Ebene um PP_1, bis ſie in der Lage $PQ' \| \Pi_2$ wird. Dabei beſchreibt Q einen zu Π_1 parallelen Kreisbogen, der ſich in wahrer Größe projiziert, dagegen bewegt ſich Q_2 auf einer Parallelen zur Achſe. Die Endlage P_2Q_2' der Strecke in der Projektion auf Π_2 gibt dann die wahre Länge an (Fig. 24). Man führe das Entſprechende auch ſo aus, daß man die durch $PQ \perp \Pi_2$ gehende Ebene um PP_2 dreht. In beiden Löſungen unſerer Aufgabe iſt folgendes ſchon mit gelöſt: [88] Man ſoll die Winkel konſtruieren, unter denen eine Strecke gegen Π_1 und Π_2 geneigt iſt. Inwiefern?

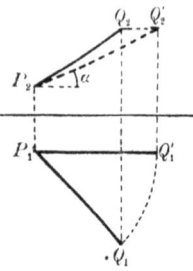

Fig. 24.

Die Gerade. Irgendeine Gerade g im Raum wird dargeſtellt durch ihre beiden Projektionen g_1 und g_2, und umgekehrt beſtimmen ſtets irgend zwei Geraden g_1 und g_2 in den Projektionsebenen eine und nur eine Gerade im Raum, denn je eine Ebene durch $g_1 \perp \Pi_1$ und $g_2 \perp \Pi_2$ ſchneiden ſich in einer ganz beſtimmten Geraden g im Raum. Die verſchiedenen Lagen, die g einnehmen kann, ergeben ſich daraus, daß das von Π_1 und Π_2 begrenzte Stück auf g (der Hauptteil) in allen vier Quadranten liegen kann. Wir ſtellen uns Π_1 und Π_2 immer als undurchſichtig vor und denken den Beſchauer im I. Quadranten, dann kann immer nur ein Stück der Geraden ſichtbar ſein. Liegt der Hauptteil von g im I. Quadrant, ſo iſt dieſer ſichtbar; wir ziehen ihn daher aus und ſtricheln die nicht ſichtbaren Teile. Liegt der Hauptteil im II. Quadranten, ſo iſt der durch Π_2 in den I. Quadranten ragende Teil ſichtbar, während nichts ſichtbar erſcheint, wenn der Hauptteil im III. Quadranten liegt; ſchließlich wird der durch Π_1

7. Der Punkt und die Gerade

nach dem I. Quadranten hindurchtretende Teil von g sichtbar, wenn der Hauptteil im IV. Quadranten liegt.

[89] Man stelle die beiden Projektionen einer Geraden dar, so daß ihr Hauptteil der Reihe nach in den vier Quadranten liegt. In Fig. 25 a und b liegt der Hauptteil einmal im I. und einmal im IV. Quadranten.

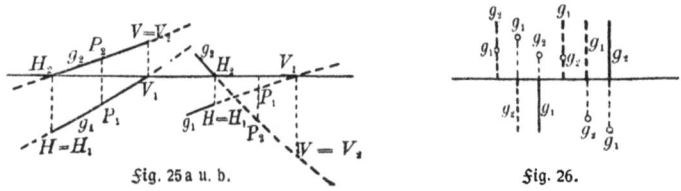

Fig. 25a u. b. Fig. 26.

Die Zeichnungen werden nach den obigen Erläuterungen leicht verständlich sein; um anzudeuten, in welchem Quadranten der Hauptteil liegt, wurde auf diesem ein Punkt P markiert. Die Spurpunkte der Geraden mit Π_1 und Π_2 wurden durch H und V gekennzeichnet. Aus Fig. 25 geht auch hervor, wie man die Spurpunkte von g mit Π_1 und Π_2 findet. Man zeichne die beiden fehlenden Fälle selbst. Zur Übung lege man sich auch einmal g_1 und g_2 ganz beliebig hin, bestimme die Spuren mit Π_1 und Π_2 und hebe die Sichtbarkeit und Unsichtbarkeit von g hervor. Man löse hier zur Übung nochmals [4].

Besondere Lagen der Geraden. [90] Man zeichne die Projektionen einer Geraden a) $g \parallel \Pi_1$ und b) $g \parallel \Pi_2$. Ist $g \parallel \Pi_1$, so kann g_1 beliebig liegen, während g_2 parallel der Achse sein muß.

[91] Man zeichne eine Gerade parallel zur Achse (vier Fälle in den vier verschiedenen Quadranten!).

Geraden $\perp \Pi_1$ oder Π_2 projizieren sich auf die Ebenen, zu denen sie senkrecht stehen, als Punkte, während die anderen Projektionen senkrecht zur Achse stehen. [92] Man zeichne eine Halbgerade, also den Teil einer Geraden, der liegt a) im I. Quadranten $\perp \Pi_1$, ferner b) im III. Quadranten $\perp \Pi_2$ und c) ermittle die Halbgeraden, die durch Fig. 26 dargestellt sind.

[93] Darstellung von Geraden senkrecht und windschief zur Achse. Solche Geraden projizieren sich derart, daß nach der Umlegung g_1 mit g_2 zusammenfällt und diese Doppelgerade senkrecht zur Achse steht. Dann ist es nicht mehr möglich, aus den Projektionen die Gerade im Raum zu rekonstruieren. Wir geben daher eine solche Gerade g durch

zwei ihrer Punkte A und B und können in einer zur Achse senkrechten Ebene durch g zeichnen, wenn wir sie um ihre Schnittgerade mit Π_2 hinein in Π_2 drehen (im Sinne des Uhrzeigers!) und dann mit Π_2 in Π_1 umlegen. So ist es auch möglich, zu irgendeinem Punkt P_1 auf g_1 den entsprechenden Punkt P_2 auf g_2 zu finden. Vgl. Fig. 27, in der eine solche Gerade g mit dem Hauptteil a) im I. und b) im II. Quadranten dargestellt wurde; H und V sind wieder die Spuren mit Π_1 und Π_2. Man überlege sich

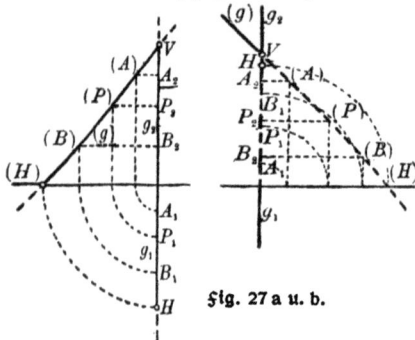

Fig. 27 a u. b.

diese Fälle praktisch mit Hilfe eines senkrecht aufgeklappten Buches und eines der zum Zeichnen nötigen rechtwinkligen Dreiecke; ebenso führe man die beiden nicht dargestellten Fälle vom III. und IV. Quadrant selbst durch.

Es gibt auch noch andere Fälle, in denen nach der Umlegung von Π_2 in Π_1 die beiden Projektionen zusammenfallen, nämlich dann, wenn sämtliche Punkte der Geraden zusammenfallende Projektionen haben (vgl. S. 68), also wenn die Gerade g in der Halbierungsebene des II. und IV. Quadranten liegt. In diesem Fall ist es aber trotzdem möglich, aus den Projektionen die Gerade g im Raum zu konstruieren, weil die Ebenen durch g und je durch g_1 und g_2 verschiedene Ebenen sind, also eine Schnittgerade haben müssen.

Lote auf Geraden. [94] oder [7] Der Abstand eines Punktes von einer Geraden soll bestimmt werden, oder: Von einem Punkt P soll auf eine Gerade g das Lot gefällt werden. Wir verfahren wie in [7], legen zunächst durch $g_1 \perp \Pi_1$ eine Hilfsebene E und projizieren P auf E, der Fußpunkt sei F; dann drehen wir E hinein in Π_1 (die Abstände von Π_1 greifen wir wieder aus dem Aufriß ab) und fällen in der Umlegung von (F) auf (g) das Lot, der Fußpunkt sei (G). G_1 und G_2 ist dann leicht zu finden, und damit kann auch PG selbst ermittelt werden. Liegt g parallel zu einer Projektionsebene, z. B. $g \parallel \Pi_1$, so wird die Lösung sehr vereinfacht, wenn man bedenkt, daß das Lot l mit g einen rechten Winkel bildet, von

7. Der Punkt und die Gerade

dem ein Schenkel, nämlich g, $\| \Pi_1$ ist; dann projiziert sich der rechte Winkel wieder als Rechter (vgl. S. 20). Man hat also nur von P_1 auf g_1 das Lot l_1 zu fällen und vom Fußpunkt G_1 auf dem Achsenlot heraufzugehen nach g_2, um G_2 zu finden (Fig. 28). Den Fall, daß $g \| \Pi_2$ ist, konstruiere man sich selbst durch! Überhaupt bevorzuge man nicht eine der beiden Projektionsebenen einseitig, sondern wähle immer diejenige, in der es sich bequemer zeichnen läßt.

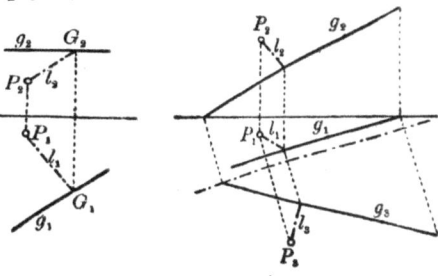

Fig. 28.   Fig. 29.

Ist nun g_1 und g_2 beliebig gegeben, so kann man diesen allgemeinen Fall auf den eben behandelten zurückführen durch Einführung einer Hilfsebene $\Pi_3 \perp \Pi_2$ und $\| g$. Die Projektion unserer räumlichen Figur in diese dritte Projektionsebene kann auch als eine zweite Vertikalprojektion aufgefaßt werden. Der Vorteil ist dann der, daß die Projektionen in Π_1 und in Π_3 dasselbe Bild ergeben wie in dem obigen Fall, den der Leser selbst behandeln sollte. Hat man aber jenen Sonderfall erledigt, so ist es nicht schwer aus G_1 auch G_2 zu finden. Man übe auch hier wieder den andern Weg, daß man eine dritte Projektionsebene $\Pi_3{}'$ einführt $\perp \Pi_2$ und $\| g$. In Fig. 29 ist der Fall $\Pi_3 \perp \Pi_1$ und $\| g$ durchgeführt.

Mit den eben besprochenen Aufgaben sind im Prinzip auch folgende gelöst:

[95] Von einem Punkt P aus soll man nach einer Geraden g zwei Strahlen m und n ziehen, so daß g, m, n ein gleichseitiges Dreieck bilden. Hat man in [94] die Länge l des Lotes bestimmt, so ist in der Umlegung vom Fußpunkt (G) auf (g) nach beiden Seiten $\frac{l}{3}\sqrt{3}$ abzutragen. Die Endpunkte (Q) und (R) sind dann die beiden anderen Eckpunkte des gleichseitigen Dreiecks, aber erst in der Umlegung. Man überlege sich hiernach selbst folgende Aufgabe:

[96] Von einem Punkt P aus sind zwei Geraden m und n so zu ziehen, daß sie eine gegebene Gerade g unter einem gegebenen Winkel α schneiden. Vgl. hierzu [8]!

II. Die Mongesche Zweitafelmethode

Neigungen einer Geraden gegen die Tafelebenen. [97] Man soll die Neigungswinkel α_1 und α_2 einer Geraden g gegen Π_1 und Π_2 konstruieren. In Fig. 24

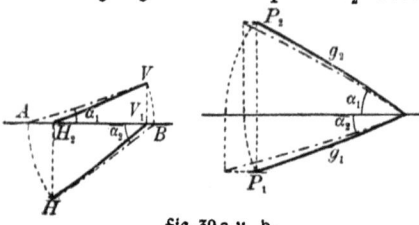

Fig. 30 a u. b.

ist diese Aufgabe teilweise schon gelöst, wenn man PQ als die Gerade g ansieht. Wir benutzen hier statt der Punkte P und Q auf g die Spuren von g mit Π_1 und Π_2. Entsprechend den beiden Lösungen von [87] können wir auch [97] in doppelter Weise lösen. Die zweite Art wird aus Fig. 30a klar. Fig. 30b stellt den besonderen Fall dar, wenn die Gerade g die Achse schneidet. Im zweiten Fall greift man auf der Geraden g einen beliebigen Punkt P heraus und konstruiert die rechtwinkligen Dreiecke, die durch das Stück auf g zwischen P und dem Achsenschnitt und durch dessen Projektionen bestimmt sind; $\sphericalangle(gg_1)$ und $\sphericalangle(gg_2)$ sind die gesuchten Winkel α_1 und α_2.

Zwischen den beiden Winkeln α_1 und α_2 muß die Beziehung $\alpha_1 + \alpha_2 < 90°$ gelten. In dem rechtwinkligen Dreieck in Fig. 30a, das aus g und g_1 gebildet wird, ist der eine spitze Winkel α_1, der andere spitze Winkel $90 - \alpha_1$; letzterer ist aber zugleich ein Winkel, den g mit einer Geraden in Π_2 bildet; folglich muß der Neigungswinkel α_2 von g gegen Π_2 kleiner als $90 - \alpha_1$ sein. Dies ist wichtig für die umgekehrte Aufgabe:

[98] Man soll eine Gerade konstruieren, deren Neigungen α_1 und α_2 gegen Π_1 und Π_2 gegeben sind. Alle Geraden durch einen festen Punkt P, die gegen Π_1 unter dem gleichen Winkel α_1 geneigt sind, bilden einen geraden Kreiskegel, dessen Achse $\perp \Pi_1$ ist, ebenso bilden alle Geraden durch P, die gegen Π_2 unter α_2 geneigt sind, einen entsprechenden zweiten Kegel. Die gemeinsamen Erzeugenden dieser beiden Kegel, von denen wir uns jeden als Doppelkegel vorzustellen haben, sind dann Geraden, die gegen Π_1 unter α_1 und gegen Π_2 unter α_2 geneigt sind. Solcher Schnittgeraden gibt es vier, sie liegen zu je zwei bezüglich parallelen Ebenen durch P zu Π_1 und Π_2 symmetrisch. Die Lösungen ergeben sich ohne weiteres aus den Figuren 30. Konstruieren wir z. B. nach Fig. 30a von α_1 ausgehend zunächst ein rechtwinkliges Dreieck AVV_1, das bei A den Winkel α_1 hat und das

7. Der Punkt und die Gerade 59

wie in Fig. 30a liegt, so muß dann noch ein zweites, $\triangle BHH_2$, konstruiert werden, wo $HB = AV$ ist, und das bei B den Winkel α_2 besitzt. Dieses Dreieck kann man sich irgendwo konstruieren und kennt so die Entfernung HH_2. Schlägt man nun um V_1 mit AV_1 einen Kreisbogen, der eine Parallele von AV_1 im Abstand HH_2 in H trifft, so hat man auch H_2 der Lage nach, und man kennt folglich auch $HV_1 = g_1$ und $H_2V = g_2$. Die Symmetrie liefert die drei übrigen Lösungen. Verfährt man ganz ähnlich nach Fig. 30b, so kommt man ebenfalls zum Ziel. Zieht man jetzt durch einen beliebigen Punkt im Raum zu je einer der vier Lösungsgeraden eine Parallele, so bilden diese eine Pyramide, deren Grundfläche in Π_1 ein Rechteck ist; entsprechendes gilt auch von Π_2.

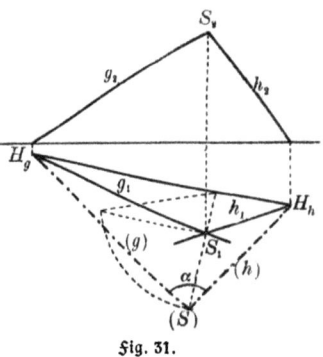

Fig. 31.

Man versuche eine Lösung von [98] auch direkt durch Auseinanderlegung des Tetraeders HH_2V_1V zu erhalten, das nur aus rechtwinkligen Dreiecken besteht. Auch als Dreikantkonstruktion läßt sich diese Aufgabe lösen, wenn man bedenkt, daß von dem in H zusammenstoßenden Dreikant $H(H_2VV_1)$ zwei Seiten α_1 und $90 - \alpha_2$ und ein Winkel von $90°$ gegeben sind.

Sich schneidende Geraden. Schneiden sich zwei Geraden, so haben sie einen Punkt gemein; also werden zwei sich schneidende Geraden g und h beim Zweitafelverfahren dargestellt durch je zwei Geraden g_1, h_1 und g_2, h_2, die aber derart liegen müssen, daß ihre Schnittpunkte S_1 und S_2 sich auf demselben Achsenlot befinden. Ist das nicht der Fall, so liegen die Geraden g und h windschief zueinander.

[99] Man stelle einmal zwei sich schneidende und einmal zwei zueinander windschiefe Geraden dar.

[100] oder [11] Es soll der Winkel zweier sich schneidenden Geraden g und h bestimmt werden. Die Lösung geschieht wie in [11], nur daß jetzt die Entfernung des Schnittpunktes $S(g, h)$ aus dem Aufriß abgegriffen wird. Fig. 31 erläutert die Konstruktion.

Liegen die Spurpunkte G_1 und H_1 außerhalb der Zeichenebene, so benutzt man eine Hilfsebene $\Pi_1' \parallel \Pi_1$, die dann g und h in G_1' und

II. Die Mongesche Zweitafelmethode

H_1' schneiden möge. Die Konstruktion ist dann genau so; es wird also $\triangle G_1' S H_1'$ um $G_1' H_1'$ in Π_1' gelegt. Natürlich kann man auch um die Verbindungslinie der Spurpunkte von g und h mit Π_2 hinein in Π_2 drehen. Überhaupt vernachlässige man, wie schon einmal erwähnt, Π_2 nicht; Π_2 ist mit Π_1 vollkommen gleichberechtigt und bietet manchmal günstigere Lagenverhältnisse wie Π_1.

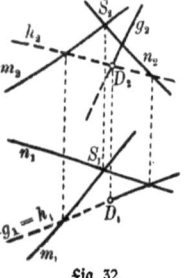

Fig. 32.

Durchdringungen. [101] oder [14] Eine Gerade g ist mit der durch zwei sich schneidende Geraden m und n bestimmten Ebene E zum Schnitt zu bringen.

Wir werden in Zukunft die Achse nicht mehr zeichnen, denn sie ist in ihrer Richtung durch die Achsenlote bestimmt; wir haben dann außerdem den Vorteil, daß nach den letzten Bemerkungen stets eine passende Ebene $\Pi_1' \parallel \Pi_1$ gelegt werden kann. Die Lösung von [101] geschieht wieder wie früher bei [14]. Wir legen (s. Fig. 32) durch $g \perp \Pi_1$ eine Hilfsebene H, die E in einer Hilfsgeraden h schneiden möge. Im Grundriß fällt h_1 mit g_1 zusammen, im Aufriß nicht. Aber der Aufriß h_2 ist dadurch bestimmt, daß dessen Schnittpunkte M_2 und N_2 aus den entsprechenden Grundrißpunkten M_1 und N_1 durch Achsenlote heraufgeholt werden können, denn diese sind dort ja auch durch die Schnitte von g_1 mit m_1 und n_1 bestimmt. Der Schnittpunkt von g_2 mit h_2 ist die Vertikalprojektion D_2 des gesuchten Durchschnittspunktes D von g mit E; damit ist aber auch D_1 festgelegt.

Denkt man sich in [101] die Ebene E undurchsichtig, so ist die Gerade g sowohl im Grundriß wie im Aufriß von D an entweder sichtbar oder nicht sichtbar. Wir denken uns den Beschauer für den Grundriß von „oben" in der Richtung der Projektionsstrahlen $\perp \Pi_1$ blicken, für den Aufriß von „vorn" analog in der Richtung $\perp \Pi_2$. Dann wird man beidemal dieselbe Seite von E sehen oder verschiedene Seiten, je nachdem die beiden Dreiecke $S_1 M_1 N_1$ und $S_2 M_2 N_2$ beidemal denselben Umlaufssinn haben oder entgegengesetzten. Im ersten Fall wird sowohl im Grundriß wie im Aufriß dasselbe Stück der Geraden g sichtbar, während im zweiten Fall zum sichtbaren Teil der Geraden im Grundriß ein entsprechendes nicht sichtbares Stück im Aufriß gehört, weil es ja auf der anderen Seite der Ebene E liegt.

7. Der Punkt und die Gerade

Es braucht dann nur noch ermittelt zu werden, ob eins der Geradenstücke von D ab sichtbar ist oder nicht. Blickt man in unserer Fig. 32 von „oben", also mit den Projektionsstrahlen $\perp \Pi_1$, so gibt der Aufriß darüber Auskunft, ob man zuerst auf die Gerade trifft und dann auf die Ebene oder umgekehrt. In unserem Fall treffen Achsenlote auf der rechten Seite von D_2 erst g und dann die Ebene, also muß dieser Teil der Geraden von „oben", d. h. im Grundriß sichtbar sein; daher wurde g_1 rechts von D_1 ausgezogen. Links von D_1 treffen die Achsenlote zunächst h_2, also die Ebene E, d. h. für den Beschauer von „oben" ist dieser Teil nicht sichtbar; daher muß im Grundriß der links von D_1 gelegene Teil von g_1 gestrichelt gehalten werden. Da die beiden Dreiecke $S_1 M_1 N_1$ und $S_2 M_2 N_2$ gleichen Umlaufssinn haben, wird es im Aufriß ganz ebenso sein.

Man konstruiere selbst einen solchen Fall, wo verschiedene Stücke der schneidenden Geraden im Grund- und Aufriß sichtbar sind, d. h. wo die Dreiecke $S_1 M_1 N_1$ und $S_2 M_2 N_2$ verschiedenen Umlauf haben. Dann löse man Aufgabe

[102] Gegeben ist ein Dreieck ABC durch Grund- und Aufriß; man soll es mit einer Geraden g zum Schnitt bringen und die Sichtbarkeitsverhältnisse von g festlegen. In dieser Aufgabe, allerdings nur im ersten Teil, steckt auch folgende Aufgabe:

[103] Man soll parallel zu einer gegebenen Richtung r einen Punkt P auf die Ebene eines Dreiecks projizieren und feststellen, ob die Projektion innerhalb oder außerhalb des Dreiecks fällt. Das ist zugleich die Grundaufgabe der Schattenaufgaben. Aber auch die Durchdringungsaufgaben stecken schon in [101] bis [103]. Man löse folgende Aufgaben:

[104] Zwei Dreiecke sind durch ihre Projektionen gegeben; man soll ihre Schnittgerade bestimmen. Man sucht hier die Durchstichspunkte der beiden schneidenden Seiten des einen Dreiecks mit der Fläche des anderen. Solche Aufgaben treten auf bei der Durchdringung zweier Pyramiden; der Schnitt zweier Parallelogramme (s. unten parallele Geraden) tritt auf bei der Durchdringung zweier Prismen und Dreieck mit Parallelogramm bei der Durchdringung einer Pyramide mit einem Prisma. Wir kommen später noch einmal auf diese Durchdringungsaufgaben zurück.

[105] Zwei Ebenen E_1 und E_2 sind gegeben durch je zwei sich schneidende Geraden g, h und m, n; gesucht wird ihre Schnittgerade.

Man bestimmt zunächst den Schnitt von $E_1(g, h)$ mit m und ebenso den von $E_1(g, h)$ mit n; die Verbindungslinie der beiden Schnittpunkte ist die gesuchte. Zur Übung versuche man die Sichtbarkeitsverhältnisse darzustellen.

Parallele und windschiefe Geraden. Parallele Geraden projizieren sich sowohl in Π_1 wie in Π_2 wieder als Parallelen. Man löse folgende Aufgaben:

[106] Durch einen gegebenen Punkt P zu einer gegebenen Geraden g soll die Parallele gezogen werden, oder: [107] Man bringe einen ebenen Parallelstreifen mit einem anderen zum Schnitt. Es ist allein schon lehrreich, sich dazu passende Parallelen im Grund- und Aufriß herauszusuchen.

[108] Man bestimme den Abstand zweier parallelen Geraden g und h. Entweder löst man diese Aufgabe durch die Bestimmung der Entfernung eines Punktes P auf g von h nach [94], oder man legt die Ebene der beiden Parallelen um ihre Spur mit Π_1 hinein in Π_1, wo dann der Abstand direkt bestimmt werden kann.

Die früheren Aufgaben [18] bis [20] über windschiefe Geraden können jetzt ebenfalls nach dem Zweitafelverfahren gelöst werden; der Leser kann sie zur Übung wirklich durchführen; sie bieten weiter keine Schwierigkeiten.

8. Die Ebene, bestimmt durch Haupt- und Fallinien.

Darstellung der Ebene durch diese Linien. Zu Beginn von Nr. 2 hatten wir bereits diese Linien einer Ebene definiert. Da wir jetzt zwei Projektionsebenen haben, gehen durch jeden Punkt einer Ebene vier solcher Linien, diejenigen bezüglich Π_1 nennen wir Haupt- und Fallinien 1. Art, die bezüglich Π_2 solche 2. Art, kurz erste und zweite Haupt- und Fallinien. Da die Hauptlinien den Spuren der Ebene mit den Projektionsebenen parallel laufen, also auch ihre Projektionen, werden sie auch Spurparallelen genannt. Sie sind dann von Wichtigkeit, wenn die Spuren der Ebene mit Π_1 oder Π_2 außerhalb der Zeichenebene liegen.

Die Fallinien bilden mit den entsprechenden Hauptlinien rechte Winkel, und da die Hauptlinien parallel den entsprechenden Projektionsebenen laufen, werden sie in den entsprechenden Projektionsebenen wieder als rechte Winkel projiziert. Daraus folgt: Haupt-

8. Die Ebene, bestimmt durch Haupt- und Fallinien.

und Fallinien projizieren sich auf den entsprechenden Projektionsebenen wieder als zueinander rechtwinklige Geraden. Es stehen also in Π_1 die Horizontalprojektionen der ersten Fallinien auf den Horizontalprojektionen der ersten Hauptlinien (Spurparallelen) senkrecht und in Π_2 stehen die Vertikalprojektionen der zweiten Fallinien auf den Vertikalprojektionen der zweiten Hauptlinien (Spurparallelen) senkrecht. Damit ist das Wichtigste klargestellt, und wir können uns folgenden Aufgaben zuwenden:

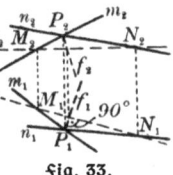

Fig. 33.

[109] Eine Ebene E ist gegeben durch zwei sich in P schneidende Geraden m und n; man soll die durch P gehende erste Haupt- und Fallinie dieser Ebene bestimmen. Legt man eine zu Π_1 parallele Ebene Π_1', die m in M und n in N schneidet, so ist MN eine erste Hauptlinie oder erste Spurparallele h von E. Fällt man dann von P_1 auf $M_1 N_1$ das Lot f_1, so ist f_1 die Horizontalprojektion der durch P gehenden Fallinie f; ihre Vertikalprojektion f_2 ist auch sofort angebbar. Die zu h durch P gezogene Parallele ist dann die durch P gehende erste Hauptlinie (Fig. 33). Man konstruiere sich ebenso die zweite Haupt- und Fallinie durch P. Erste Hauptlinien bezeichnet man durch h' im Gegensatz zu den zweiten h", ähnlich f' und f". Eine Ebene ist genau wie früher (S. 28) schon durch eine Fallinie allein bestimmt, weil man sofort auch eine entsprechende Hauptlinie konstruieren kann. Man löse hiernach die Aufgabe:

[110] Von einer Ebene ist eine erste Fallinie f' (f_1' und f_2') gegeben; man soll eine zweite Fallinie f" konstruieren. Durch einen beliebigen Punkt P_1 auf f_1' legt man eine Senkrechte h_1' zu f_1' und durch P_2 eine Senkrechte h_2' zum Achsenlot $P_1 P_2$. Legt man jetzt eine Hilfsebene $\Pi_2' \parallel \Pi_2$, so schneidet sie h_1' in H_1 und f_1' in F_1. Dadurch ist H_2 und F_2 bestimmt, und HF ist eine zweite Hauptlinie h"; dann ist eine Senkrechte von P_2 auf h_2' die Vertikalprojektion f_2''. Die Horizontalprojektion f_1'' bietet weiter keine Schwierigkeit. Es ist also gezeigt, daß im allgemeinen eine Ebene vollständig durch eine Fallinie bestimmt ist.

Wie schon S. 30 hervorgehoben wurde, gilt das nicht, wenn die Fallinie senkrecht zu einer Projektionsebene steht. Wir müssen dann eine Spurparallele hinzunehmen, die dann sogar allein für sich schon die Ebene bestimmt, während im allgemeinen eine solche Linie allein eine Ebene nicht bestimmt. Ist dagegen die Ebene parallel zu einer Projektionsebene, so existieren überhaupt keine Fallinien; solche Ebenen sind z. B. gegeben durch ihre Vertikalspur, falls sie $\| \Pi_1$ sind.

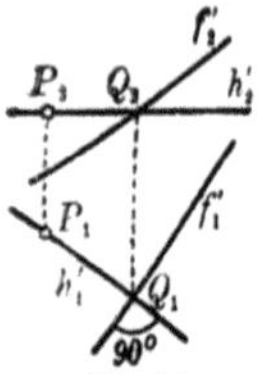

[111] Man bestimme in einem durch seine Projektionen gegebenen Dreieck eine erste Fallinie.

[112] Durch den Mittelpunkt eines durch seine Projektionen gegebenen Parallelogramms soll man eine zweite Fallinie legen.

Fig. 34.

[113] oder [22] Man lege durch eine Ecke eines Dreiecks eine erste Hauptlinie und drehe es um diese in eine zu Π_1 parallele Lage, um damit die wahre Größe zu finden.

[114] Man führe das Entsprechende auch für ein Parallelogramm aus, indem man durch seinen Mittelpunkt eine solche Hauptlinie legt. Damit kann man auch den Abstand [108] zweier Parallelen ermitteln.

Die Grundaufgaben über die Ebene. Wir wenden uns denselben Aufgaben über die Ebene zu, die wir schon im I. Teil behandelt haben (S. 28 ff.), natürlich jetzt im Zweitafelverfahren.

[115] Man soll die Neigungswinkel einer durch eine Fallinie gegebenen Ebene gegen die Tafelebenen bestimmen. Ist wieder eine erste Fallinie f' gegeben, so gibt der Neigungswinkel von f' gegen Π_1 sofort den einen gesuchten Winkel an, während der einer zweiten Fallinie, die nach [110] bestimmt wird, gegen Π_2 den anderen gesuchten Winkel darstellt. Vgl. hierzu [137].

[116] Eine Ebene E ist durch eine erste Fallinie $f'(f_1', f_2')$ gegeben; man soll zu gegebener Horizontalprojektion P_1 eines Punktes P die Vertikalprojektion P_2 bestimmen. Legt man durch P_1 die Horizontalprojektion einer ersten Hauptlinie h', daß $h_1' \perp f_1'$, so ist der Schnittpunkt Q_1 von f_1' und h_1' die Horizontalprojektion eines Punktes Q in E, der mit P dieselbe Höhe hat. Durch Q_2 geht die Vertikalprojektion von h' senkrecht zu den Achsenloten, so daß P_2 angegeben werden kann; s. Fig. 34. Wie ist die Konstruktion, wenn P_2 gegeben ist und P_1 gesucht? Würden wir dieselbe Konstruktion noch für einen anderen Punkt ausführen, so hätten wir die Aufgabe gelöst:

[117] Eine Ebene E ist durch eine erste Fallinie gegeben; wie findet man zu gegebener Horizontalprojektion g_1 einer Geraden g in E die Vertikalprojektion g_2?

[118] Man soll die Ebene E (also eine ihrer Fallinien) angeben,

8. Die Ebene, bestimmt durch Haupt- und Fallinien

wenn sie bestimmt ist durch einen Punkt P und eine nicht durch P gehende Gerade g. Wir legen durch P eine Hilfsebene $\Pi_1' \| \Pi_1$, die g in Q schneidet; damit ist die Vertikalprojektion h_2' einer ersten Hauptgeraden h' und damit auch h_1' gegeben, woraus sich wiederum $f_1' \perp h_1'$ und dann f_2' finden läßt (Fig. 35). Löse hiernach:

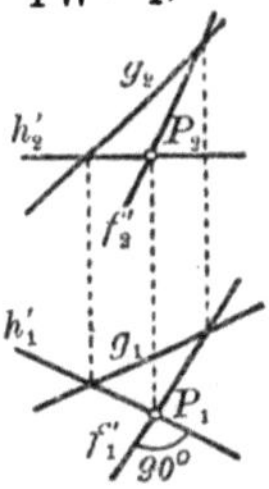

[119] Die durch zwei Parallelen festgelegte Ebene ist durch eine erste Fallinie zu bestimmen.

[120] Unter den Ebenen eines Ebenenbüschels durch eine gegebene Gerade g soll diejenige bestimmt werden, die zu einer gegebenen Geraden r parallel ist. Man lege durch einen beliebigen Punkt von g eine Parallele q zu r und bestimme die Ebene durch q und r. Von großer Wichtigkeit ist folgende Aufgabe:

Fig. 35.

[121] Auf eine Ebene E soll von einem außerhalb derselben gelegenen Punkt P das Lot l gefällt und der Fußpunkt F bestimmt werden. Ist E durch zwei sich schneidende Geraden gegeben, so hat man nur die Richtung von l zu bestimmen und parallel zu dieser Richtung durch P das gesuchte Lot zu legen. Um die Richtung von l zu finden, muß man sich überlegen, daß l mit einer ersten Hauptlinie h' durch F einen Rechten bildet, und auch $l_1 \perp h_1'$ (weil $h' \| \Pi_1$), also $l_1 \| f_1'$; dagegen wird $l_2 \perp h_2'$ oder $l_2 \| f_2''$. Je nachdem nun aus der Figur sich die h oder f konstruieren lassen oder gezeichnet vorliegen, wird man hiernach die Projektionen von l zeichnen können. Ist also eine Ebene durch die ersten und zweiten Hauptlinien oder Spurparallelen gegeben, so zieht man l_1 von P_1 aus $\perp h_1'$ und l_2 von P_2 aus $\perp h_2''$. Vgl. Fig. 36. Den Fußpunkt F bestimme man nach [101]; das ist in der Figur nicht ausgeführt. Ist die Ebene E nur durch eine Fallinie, z. B. f' (f_1' und f_2') gegeben, so kann man nach [110] eine erste und eine zweite Hauptlinie konstruieren und dann l wie oben finden. Damit sind auch die Aufgaben gelöst:

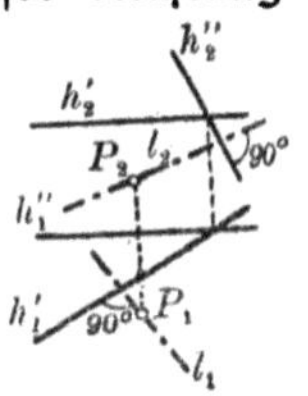

Fig. 36.

[122] Den Abstand eines Punktes P von einer Ebene und

[123] Den Abstand zweier parallelen Ebenen zu finden.

[124] Zur Übung dieser Darlegungen errichte man im Schwerpunkt eines Dreiecks ein Lot auf der Dreiecksfläche von gegebener Länge.

II. Die Mongeſche Zweitafelmethode

[125] Gegeben iſt eine Gerade g und außerhalb g ein Punkt P, geſucht wird die Ebene E, die durch P geht und g rechtwinklig ſchnei‑ det. Man legt durch P eine erſte und eine zweite Haupt‑ linie h' und h'', und zwar $h_1' \perp g_1$, $h_2' \perp P_1P_2$, $h_2'' \perp g_2$ und $h_1'' \perp P_1P_2$. In Fig. 37 iſt noch der Schnittpunkt D von g mit E nach [101] konſtruiert. Damit iſt auf an‑ dere Weiſe wie in [94] der Abſtand des Punktes P von g gefunden.

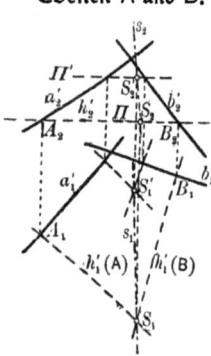

Fig. 37.

[126] Geſucht wird der Neigungswinkel einer Geraden g gegen eine Ebene E. Von einem beliebigen Punkt P auf g fällt man auf E das Lot l und beſtimmt $\sphericalangle (l, g)$, der dann das Komplement zu dem geſuchten iſt.

[127] oder [58] Man konſtruiere das gemeinſame Lot zweier wind‑ ſchiefen Geraden. Dieſe Aufgabe kann jetzt nach Behandlung der Ebene genau wie in [58] gelöſt werden. Die dort angeführten Einzelkonſtruk‑ tionen ſind jetzt alle auch für das Zweitafelverfahren gelöſt worden.

Mehrere Ebenen. [128] Geſucht wird die Schnittgerade zweier Ebenen A und B. Die beiden Ebenen mögen durch ihre erſten Fall‑ linien a' und b' gegeben ſein; dann iſt die Schnitt‑ gerade s der beiden Ebenen die Geſamtheit der Punkte, in denen ſich die Hauptlinien gleicher Höhen über der betreffenden Projektionsebene ſchneiden. Legen wir alſo $\| \Pi_1$ eine Hilfsebene Π, ſo ſchneidet ſie die Fallinien a und b in zwei Punkten A und B. A_2B_2 iſt dann die Vertikal‑ projektion h_2' ſowohl einer erſten Hauptlinie in A wie in B; die entſprechenden Horizontalpro‑ jektionen $h_1'(A)$ und $h_1'(B)$ dieſer Hauptlinien ſind in $A_1 \perp a_1$ und in $B_1 \perp b_1$; ihr Schnitt‑ punkt S iſt dann ein Punkt der Schnittgeraden s (Fig. 38). Durch eine andere Ebene $\Pi' \| \Pi_1$ bekäme man einen zweiten Schnittpunkt S'; da außer S_1 und S_1' auch S_2 und S_2' mit Hilfe der Achſenlote angegeben werden können, iſt $s = SS'$ gefunden.

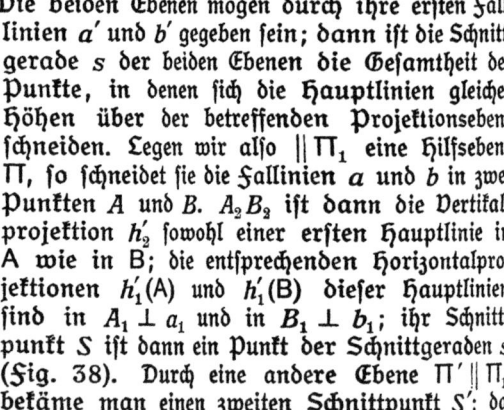

Fig. 38.

[129] Man beſtimme den Schnittpunkt dreier Ebenen, indem man [128] zweimal ausführt.

[130] oder [57] Geſucht wird der Neigungswinkel zweier Ebenen. Man ſucht nicht den Neigungswinkel direkt, ſondern ſeinen Supple‑

mentwinkel, indem man den Winkel zwischen den beiden Loten aufsucht, die man von einem beliebigen Punkt auf die Ebenen fällt. Wie gestaltet sich die Lösung dieser Aufgabe für den Fall, daß die beiden Ebenen durch je einen Punkt und die Schnittgerade gegeben sind?

Die Lösung von [130] ist auch möglich nach der Art, wie sie in [57] durchgenommen wurde; man nimmt eine Hilfsebene $\parallel \Pi_1$, so daß die früheren Geraden r und q Hauptgeraden werden. Wir kommen auf diese Lösung bei [147] zurück.

9. Die Ebene, bestimmt durch ihre Spurgeraden.

Horizontal- und Vertikalspur einer Ebene. [131] Von einer Ebene sind zwei sich schneidende Geraden g und h durch ihre Projektionen gegeben; gesucht werden die Spurgeraden, also die Horizontalspur s' und die Vertikalspur s''. Man bestimmt von jeder Geraden sowohl ihren Horizontal- wie ihren Vertikalspurpunkt; die Verbindungslinie der beiden Horizontalspurpunkte liefert s', die der beiden Vertikalspurpunkte s''. s' und s'' müssen sich in einem Punkt der Achse schneiden. (Weshalb?)

Eine Ebene ist jetzt durch ihre beiden Spurgeraden s' und s'' eindeutig definiert, ebenso wie sie es früher durch zwei beliebig in ihr liegende Geraden war, oder wie sie im vorigen Paragraphen durch die Haupt- und Fallgeraden bestimmt war. Auch die Spurgeraden sind nur besondere Hauptgeraden. Im allgemeinen wird man die frühere Darstellung stets dann anwenden müssen, wenn die Spurgeraden außerhalb der Zeichenebene fallen. Wir wollen aber die Darstellung einer Ebene durch ihre Spurgeraden nicht ganz übergehen, weil sie doch oft von Nutzen ist und vor allem, weil sie in vielen Büchern sogar ausschließlich gegeben wird.

[132] Man soll die Spurgeraden einer Ebene finden, die durch eine Fallgerade f' gegeben ist. Man bestimmt zunächst den Horizontalspurpunkt (Fig. 39) H von f'; das Lot in H auf f_1' ist s'. Zieht man jetzt durch einen beliebigen Punkt P von f' eine erste Hauptgerade oder Spurparallele h', also h_1' durch $P_1 \parallel s'$ und h_2' durch P_2 parallel der Achse, so liefert der Vertikalspurpunkt V von h' einen Punkt von s''; s' muß sich mit s'' im selben Punkt der Achse schneiden. [133] Wie findet man s' und s'', wenn je eine Spurparallele der ersten und zweiten Art gegeben ist?

II. Die Mongesche Zweitafelmethode

[134] Von einer Ebene sind ihre Spurgeraden s' und s'' gegeben; man soll zu gegebener Horizontalprojektion P_1 die Vertikalprojektion P_2 bestimmen, so daß P in der Ebene liegt.

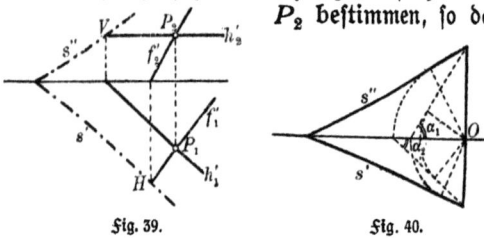

Fig. 39.   Fig. 40.

Die Lösung gibt Fig. 39. Man geht durch P_1 parallel zu s' bis zur Achse, von da senkrecht bis zum Schnitt mit s'' und weiter parallel zur Achse bis zum Schnittpunkt mit dem Achsenlot durch P_1. Wäre P_2 gegeben, so führt man die eben angeführte Konstruktion rückwärts aus. Aber man könnte auch von P_2 aus parallel zu s'' bis zur Achse gehen, von da senkrecht zur Achse bis zum Schnittpunkt mit s' und von da parallel zur Achse bis zum Schnitt mit dem Achsenlot durch P_2. Die hierzu entsprechende Konstruktion hätte man auch im ersten Fall ausführen können. Diese Konstruktionen kommen immer wieder vor, und man führe sie wirklich alle durch!

Ebene Figuren in einer durch die Spurgeraden gegebenen Ebene. [135] Von einer durch s' und s'' gegebenen Ebene ist eine Gerade g durch g_1 gegeben; gesucht wird g_2. Man beachte nach [131], daß die Spurpunkte von g mit Π_1 und Π_2 auf s' und s'' liegen müssen.

[136] Von einem ebenen Vieleck in der durch s' und s'' gegebenen Ebene ist die Horizontalprojektion gegeben; gesucht wird die Vertikalprojektion. Man kann hier für jeden Eckpunkt einzeln [134] anwenden. Die Genauigkeit der Zeichnung prüft man mit Hilfe der Affinität (S. 22 ff.). Unsere Ebene schneidet die Halbierungsebene des II. und IV. Quadranten in einer Geraden a ($a_1 \equiv a_2$), auf der sich alle entsprechenden Seiten der beiden Projektionen unseres Vielecks schneiden müssen; a ist Affinitätsachse für die beiden Projektionen, sie geht durch den Schnittpunkt von s' und s''. Wie findet man a aus s' und s''?

Auf die Bestimmung der wahren Größe ebener Vielecke aus den Projektionen gehen wir hier nicht ein; wir verweisen da auf die früheren Darlegungen (S. 25).

Neigungen einer Ebene gegen die Tafelebenen. [137] oder [115] Gesucht werden die Neigungswinkel α_1 und α_2 einer durch s' und s'' gegebenen Ebene gegen Π_1 und Π_2. Wir lösen die Aufgabe im Grunde

9. Die Ebene, bestimmt durch ihre Spurgeraden

ebenso wie S. 64. Auf der Achse werde ein beliebiger Punkt O herausgegriffen, durch den wir je eine Hilfsebene $\perp s'$ und $\perp s''$ legen, diese schneiden die gegebene Ebene in den Fallgeraden, die in [115] betrachtet wurden, und dann werden hier wie dort die rechtwinkligen Dreiecke, die α_1 und α_2 enthalten, in die Tafelebene gedreht. Aber unsere Fig. 40 gestattet jetzt auch die umgekehrte Aufgabe zu lösen. [138] Gesucht werden die Richtungen der Spurgeraden der Ebenen, die Π_1 und Π_2 unter den gegebenen Winkeln α_1 und α_2 schneiden. Man

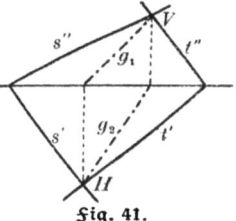

Fig. 41.

hat da nur zu beachten, daß die beiden eben betrachteten rechtwinkligen Dreiecke sich in einer Strecke schneiden, die für beide die Höhe ist. Man zeichnet also eines der beiden Dreiecke (es braucht natürlich nur ein ähnliches zu sein) in der obigen Lage und kann dann von diesem aus Fig. 40 rückwärts zeichnen.

Alle Ebenen durch denselben Punkt mit gleicher Neigung gegen eine feste Ebene umhüllen einen geraden Kreiskegel. Für [137] würde demnach die Lösung darauf hinauskommen, an zwei gerade Kreiskegel mit gemeinsamer Spitze die gemeinsamen Tangentialebenen zu legen. Deren gibt es offenbar vier. Ob nun die obige Konstruktion zu allen vier Lösungen führt, mag der Leser selbst entscheiden. Wir wollen zu dieser Aufgabe nur noch hinzufügen, daß sie auch durch [98] gelöst werden kann, denn eine Senkrechte auf der gesuchten Ebene schneidet Π_1 und Π_2 unter den Winkeln $90-\alpha_1$ und $90-\alpha_2$. Daraus ergibt sich auch für α_1 und α_2 die Bedingung $\alpha_1+\alpha_2>90°$. Andererseits folgt diese Bedingung aus den Sätzen über die Winkelsumme einer dreiseitigen Ecke, die auch die Bedingung für die obere Grenze geben würde.

Mehrere Ebenen. Parallele Ebenen haben parallele Spuren in derselben Projektionsebene. Man löse hiernach Aufgabe [139]: Durch einen Punkt P ist eine zu einer gegebenen Ebene (s', s'') parallele Ebene zu legen. Durch P kann man sofort die Spurparallelen der Ebene angeben und damit auch die Spuren selbst.

[140] Die Schnittgerade zweier Ebenen ist zu konstruieren. Da man die Spurpunkte der Schnittgeraden g in den Schnittpunkten der entsprechenden Spuren H und V hat, kann man die Projektionen g_1 und g_2 sofort konstruieren, wie in Fig. 41 angegeben ist Diese

II. Die Mongesche Zweitafelmethode

Konstruktion ist äußerst wichtig; man übe sie in den verschiedensten Lageverhältnissen der beiden Ebenen wirklich durch und verfahre stets nach dem dargestellten Schema; man achte auch auf Sichtbarkeit der einzelnen Teile der Schnittgeraden, je nachdem welche Stücke derselben im I. Quadranten liegen. Um uns des beschränkten Raumes wegen recht kurz auszudrücken, erwähnen wir, daß s' und s'' nicht wie in Fig. 41 beide nach derselben Seite zu laufen brauchen, sondern nach verschiedenen; entsprechendes gilt von t' und t''. Das gibt schon recht viele Möglichkeiten, die das Aussehen der Konstruktion ganz anders erscheinen lassen wie oben. Dann kann eine der beiden Ebenen besondere Lagen zu Π_1 oder Π_2 annehmen; z. B. kann die eine Ebene $\parallel \Pi_1$ laufen, dann fällt g_2 mit t'' zusammen und $g_1 \parallel s'$ (Fig. 42).

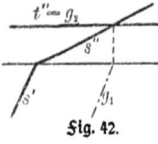

Fig. 42.

Liegt einer der Schnittpunkte der entsprechenden Spuren oder beide außerhalb der Zeichenebene, dann verwendet man zunächst eine Hilfsebene $\parallel \Pi_1$, die mit jeder der beiden gegebenen Ebenen eine Schnittgerade liefert, deren Schnittpunkt ein Punkt der gesuchten Geraden ist; eine zweite solche Hilfsebene, vielleicht diesmal $\parallel \Pi_2$, würde ebenso einen zweiten Punkt der gesuchten Geraden liefern, wodurch sie festgelegt ist. Man vergesse hier nicht, Kontrollkonstruktionen auszuführen, ob die gesuchten Punkte wirklich auf der Ebene liegen.

Andere Schwierigkeiten entstehen, wenn die Achsenschnittpunkte der Spuren so nahe aneinanderrücken, daß ein genaues Zeichnen nicht mehr möglich ist. Man vermeide überhaupt stets, eine Gerade durch zwei sehr nahe aneinandergelegene Punkte zu bestimmen. In diesem Fall verwendet man eine Hilfsebene parallel der einen der beiden Ebenen, so daß eine geeignetere Figur entsteht. Die erhaltene Schnittgerade ist dann zu der gesuchten parallel, so daß man jetzt durch die Schnittpunkte der Spuren Parallelen legen kann. Ebenso verfährt man, wenn die Achsenschnittpunkte der beiden gegebenen Ebenen ganz zusammenfallen. Zu einer beliebigen Hilfsebene, oder auch einer Ebene $\perp \Pi_1$ und $\perp \Pi_2$ (also zu einem Seitenriß) greift man, wenn die beiden gegebenen Ebenen parallel zur Achse liegen.

[141] Man soll den Schnittpunkt dreier Ebenen bestimmen. Hier bringt man die erste Ebene mit der zweiten, die zweite mit der dritten zum Schnitt; der Schnittpunkt der beiden Schnittgeraden ist der gesuchte.

Gerade und Ebene. [142] Der Schnittpunkt P einer Geraden g

mit einer Ebene E ist zu bestimmen. Wir legen durch die Gerade g eine Hilfsebene ⊥ Π₁ und bringen deren Schnittgerade mit E zum Schnitt mit g (Fig. 43). Damit ist auch folgende Aufgabe gelöst:

[143] Von einem Punkt P ist auf eine Ebene E das Lot zu fällen und der Fußpunkt zu bestimmen. Wir haben schon in [121] festgestellt, daß das Lot auf eine Ebene in der Projektion senkrecht auf den entsprechenden Hauptlinien steht.

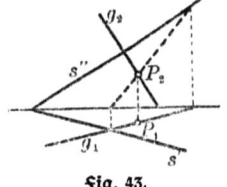

Fig. 43.

Da die Spurgeraden solche sind, hat man nur von P_1 auf s' und von P_2 auf s'' die Lote zu fällen und nach [142] den Fußpunkt zu bestimmen. Damit sind auch die Aufgaben über [144] den Abstand eines Punktes von einer Ebene, und über [145] den Abstand zweier paralleler Ebenen gelöst. Ferner kann man jetzt an die Konstruktion [146] des Neigungswinkels einer Geraden gegen eine Ebene gehen, indem man den Winkel dieser Geraden gegen ein Lot auf die Ebene sucht. Will man [147] den Neigungswinkel zweier Ebenen finden, so kann man ihn aus dem Neigungswinkel zweier Lote bestimmen, die man von einem beliebigen Punkt auf die beiden Ebenen fällt.

Wir können [147] auch genau so lösen wie früher bei [57]; wir drehen wie dort alles in Π₁. Die nötigen Entfernungen der Punkte von Π₁ werden aus Π₂ abgegriffen. Man führe diese Aufgabe nach dem Zweitafelverfahren wirklich durch!

10. Projektionshilfsebenen.

Erklärung des Umprojizierens. Wir haben einigemal Hilfsebenen — meist ⊥ Π₁ — eingeführt, in die wir unsere räumlichen Figuren projizierten und erreichten dadurch günstigere Lageverhältnisse zur Bestimmung der wahren Größe von geometrischen Gebilden. Vgl. hierzu Fig. 44, wo durch Einführung einer zu Π₁ senkrechten und zur Strecke PQ parallelen Ebene Π₃ es ermöglicht wurde, daß die wahre Größe der Strecke $PQ = P_3 Q_3$ direkt erscheint, ebenso der Neigungswinkel α_1 von PQ gegen Π₁. Wir führen diese Aufgabe nur an, um das Wesen des Umprojizierens hervorzuheben. Die Spurgeraden von Π₃ sind in Fig. 44 wie bisher durch s' und s'' bezeichnet; für gewöhnlich lassen wir s'' weg und betrachten $s' = a_{13}$ als neue Achse,

II. Die Mongesche Zweitafelmethode

dementsprechend wurde die alte Achse durch a_{12} bezeichnet. Nun könnte man P_1Q_1 und P_3Q_3 für sich als Grund- und Aufriß betrachten und abermals eine neue Hilfsebene $\Pi_4 \perp \Pi_3$ einführen, die in Fig. 44 als zu PQ senkrecht gedacht ist; in der vierten Projektionsebene Π_4

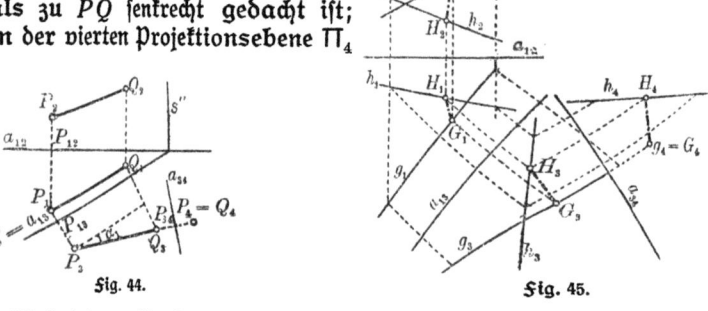

Fig. 44.   Fig. 45.

erscheint dann die Strecke PQ als ein einziger Punkt. Bezeichnet man allgemein den Schnittpunkt eines Achsenlotes P_iP_k durch P_{ik}, so ist $P_2P_{12} = P_3P_{13}$ und $P_1P_{13} = P_4P_{34}$. Dadurch ist rein mechanisch das Umprojizieren bestimmt.

Anwendung auf die Bestimmung des kürzesten Abstandes. Wie man durch Senkrechtaufrichten von Π_2 um a_{12} direkt zu der räumlichen Figur kommen kann, so ist dies natürlich auch möglich durch Senkrechtaufrichten von Π_3 um a_{13}, und wenn man dann nochmals in der so aufgerichteten Ebene Π_3 die vierte Projektionsebene Π_4 senkrecht um a_{34} herumdreht, hat man eine Vorstellung von der Lage der vierten Projektionsebene im Raum, die also im obigen Fall $\perp PQ$ liegt. Wir verwenden jetzt Fig. 44 zur Lösung folgender Aufgabe.

[148] Gesucht wird der kürzeste Abstand zweier windschiefen Geraden g und h. Liegen die Geraden so, daß eine von beiden (g) auf einer Projektionsebene (Π_2) senkrecht steht, so muß der kürzeste Abstand oder das gemeinsame Lot (l) von g und h parallel zu dieser Projektionsebene Π_2 sein. Dann projiziert es sich in wahrer Größe, und der rechte Winkel zwischen l und h muß sich wieder als rechter Winkel projizieren. Darauf beruht die folgende Lösung unter Zuhilfenahme zweier neuer Projektionsebenen $\Pi_3 \perp \Pi_1$ und $\Pi_4 \perp \Pi_3$. In Fig. 45 seien g und h zwei beliebige windschiefe Geraden. Wir legen $\Pi_3 \parallel g$ und zeichnen durch Umprojizieren je zweier Punkte auf g und h die dritten Projektionen g_3 und h_3. Legen wir jetzt eine vierte

10. Projektionshilfsebenen

Projektionsebene $\perp g$, so erscheint g_4 in Π_4 als Punkt G_4. Von G_4 aus fällen wir auf h_4 das Lot $l_4 = G_4 H_4$ und von H_4 gehen wir $\perp a_{34}$ bis zum Schnitt H_3 mit h_3. Das Lot $H_3 G_3$ auf g_3 ist die dritte Projektion des gesuchten kürzesten Abstandes. Durch Rückprojizieren $\perp a_{13}$ erhält man dann $G_2 H_2$ und weiter $\perp a_{12}$ $G_1 H_1$. $G_4 H_4$ ist zugleich die wahre Länge von GH. Man prüfe das in der ersten und zweiten Projektion nach [87]!

[149] Gesucht wird der Winkel zwischen zwei Ebenen, die durch ihre Schnittgerade g und je einen Punkt A und B gegeben sind. Wir projizieren so um, daß $\Pi_4 \perp g$ wird; dann bilden die Verbindungslinien des Punktes, der als G_4 in Π_4 erscheint, mit A_4 und B_4 den gesuchten Winkel. Im Anschluß an diese Lösung stellen wir noch folgende Aufgabe:

[149a] Man soll auf dem kürzesten Weg von A über g nach B gelangen; in welchem Punkt P passiert man g? (Man drehe in der 4. Projektion die Ebene (A, g) um g hinein in (B, g) und ziehe AB).

Liegen a_{13} und a_{34} beliebig, so liefert die vierte Projektion von irgendeinem geometrischen Gebilde, das durch Grundriß und Aufriß dargestellt ist, die rechtwinklige Projektion auf irgendeine im Raum gelegene Ebene. Wenn also ein Körper durch Grund- und Aufriß gegeben ist, so kann man durch punktweises Umprojizieren dessen Projektion auf eine beliebige Ebene erhalten. Man wird diese Methode anwenden, wenn man einen Körper in einer zu Π_1 und Π_2 besonderen Lage darstellen kann — was meistens der Fall ist —, um dann durch das Umprojizieren den Körper in einer beliebigen oder in einer bestimmten anderen Lage zur Projektionsebene zu erhalten.

Man übe selbst solche Konstruktionen an den Körpern durch, die in den Aufgaben [65] bis [71] behandelt wurden. Im besonderen empfehlen wir ein Umprojizieren, bei dem Π_4 senkrecht zu einer bestimmten Achse des Körpers steht. Auch die Grundaufgabe der Axonometrie kann hier wieder durchgenommen werden, also ein dreiseitiges rechtwinkliges Achsenkreuz mit gleichen Achsenlängen auf eine beliebige Ebene zu projizieren.

Bestimmung der Projektionsstrahlen. [150] Die Richtung der Projektionsstrahlen auf Π_4 ist in Π_1 und Π_2 zu bestimmen, wenn a_{13} und a_{34} festgelegt sind. Wir kehren zu Fig. 44 zurück und betrachten die Umprojektion von P. Denken wir uns die einzelnen Ebenen zurückgedreht, wie S. 72 angedeutet wurde, so wollen wir die Horizontal-

74   II. Die Mongesche Zweitafelmethode

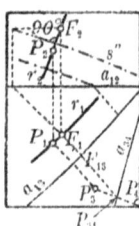

Fig. 46.

projektion F_1 des im Raum liegenb gedachten Punktes P_4 auf Π_1 konstruieren. P_4P_{34} wird im Raum $\parallel \Pi_1$ liegen und zwar um die Entfernung des Punktes P_{34} von a_{13} über Π_1. Fällen wir in Fig. 46 von P_{34} auf a_{13} das Lot (Fußpunkt F_{13}), so muß F_1 auf diesem Lote liegen und zwar ebensoweit von a_{13} wie P_1, so daß $P_1F_1 \parallel a_{13}$ ist. Die Vertikalprojektion des im Raum liegenden Punktes P_4 auf Π_2 liegt dann auf dem Achsenlot durch F_1 zu a_{12} und zwar um $P_{34}F_{13}$ von a_{12} entfernt. P_1F_1 und P_2F_2 sind die Projektionsrichtungen r_1 und r_2 in Grund- und Aufriß. Man stelle sich von dieser Konstruktion nach den Betrachtungen von S. 71 f. vielleicht aus einer Postkarte ein Modell her. Die Fig. 46 wurde gleich in Form einer Postkarte gezeichnet, wo die eine Ecke (die rechte untere) den Punkt P_4 darstellen soll. Man lasse den Teil der Kartenebene zwischen a_{12} und a_{13} in der Horizontalen liegen und richte zunächst Π_2 hoch, dann Π_3 und drehe schließlich Π_4 um a_{34}.

Durch die Projektionsstrahlen in der Richtung PF ist aber auch die Richtung der Spurgeraden von Π_4 in Π_1 und Π_2 festgelegt. F_1F_{13} ist eine erste Spurparallele. Die Horizontalspur s' muß $\perp a_{13}$ liegen und die Vertikalspur $s'' \perp P_2F_2$; s' fällt in der Figur außerhalb der Karte. Die Spuren einer zu Π_4 parallelen Ebene sind in Fig. 46 eingezeichnet.

Umprojizieren auf eine gegebene Ebene. Auch die umgekehrte Aufgabe zu [150] ist möglich, [151] durch Umprojizieren ein räumliches Gebilde auf eine durch ihre Spuren s' und s'' gegebene Ebene zu projizieren. a_{13} kann man ohne weiteres $\perp s'$ legen; es gilt somit nur a_{34} zu finden. Wir greifen einen beliebigen Punkt $P(P_1P_2)$ heraus, ziehen durch ihn eine Gerade r senkrecht zur gegebenen Ebene, also $r_1 \perp s'$ und $r_2 \perp s''$, greifen darauf einen beliebigen Punkt $F(F_1,F_2)$ heraus und projizieren dies alles zunächst einmal hinein in Π_3. F_3 ist dann aber zugleich das frühere P_{34} in Fig. 46, und durch P_3 geht $\perp P_3P_{34}$ die gesuchte Achse. Damit ist das Umprojizieren ermöglicht. Hervorgehoben sei noch, daß man die Projektion eines räumlichen Gebildes auf eine durch ihre Spuren gegebene Ebene auch nach [143] finden kann, daß man von jedem Punkt auf die Ebene das Lot fällt und den Fußpunkt bestimmt. Das ist natürlich für viele Punkte zu umständlich, außerdem würde man dann auch erst nur die Horizontal- und Vertikalprojektion von der gesuchten Projektion erhalten, die man dann in wahrer Größe noch besonders zu konstruieren hätte; das Umprojizieren liefert sie sofort. Man löse folgende Aufgabe mit Hilfe des Umprojizierens:

[152] Ein Dreieck ABC ist durch Grund- und Aufriß gegeben; gesucht wird seine senkrechte Projektion auf einer durch ihre Spuren s' und s'' gegebenen Ebene.

11. Schiefwinklige Parallelprojektion, Axonometrie.

Erklärung und Darstellung eines hausähnlichen Gebildes. Wir kommen hier zu Betrachtungen, die wir schon früher S. 45 f. anstellten; diese wollen wir hier ergänzen. Der letzte Paragraph ließ erkennen, daß ebenflächige Körper, die in der Hauptsache nach zwei oder gar drei aufeinander senkrechten Richtungen orientiert sind — wie Quader, Häuser u. dgl. — im Grund- und Aufrißverfahren erst dann günstige Darstellungen ergeben, wenn sie beliebig zu den Projektionsebenen liegen. Die einfachen Lagen solcher Körper zu Π_1 und Π_2 lassen sich leicht zeichnen, dagegen etwas umständlich daraus beliebige Lagen, die aber wieder den Vorteil haben, günstigere Ansichten zu gewähren. Hier greift die bereits S. 45 gestreifte schiefe Parallelprojektion, die Axonometrie, helfend ein. Wir haben damals gesagt, daß ein Gegenstand leicht in schiefe Parallelprojektion gesetzt werden kann, wenn man die Abstände seiner markanten Punkte von drei aufeinander senkrechten Ebenen kennt. Schalten wir also eine zu Π_1 und Π_2 senkrechte Ebene Π_3 ein, eine Seitenrißebene, so können wir jene drei Abstände leicht abgreifen (vgl. Fig. 47). Wir konnten früher auf diese Darstellung eines Körpers in schiefer Parallelprojektion nicht eingehen, weil wir das Grund- und Aufrißverfahren noch nicht erläutert hatten.

Wir denken uns drei aufeinander senkrechte Ebenen Π_1, Π_2, Π_3, die sich in drei Achsen, der X-, Y-, Z-Achse schneiden. Denken wir uns ferner Π_1 und Π_2 wie früher im Raum gelegen, so beschränken wir uns auf den vorderen oberen, rechten Oktanten, in dem allein die darzustellenden Objekte sich befinden mögen. Den Scheitel dieser dreiseitigen, rechtwinkligen Ecke — deren Kanten ein dreiseitiges rechtwinkliges Achsenkreuz bilden — nennen wir O. Jeder Punkt P im

II. Die Mongesche Zweitafelmethode

Raum dieser Ecke ist dann bestimmt, wenn man seine Entfernungen x, y, z von den drei Ebenen Π_1, Π_2, Π_3 kennt. Wir bezeichnen die drei Achsen derart, daß sich Π_1 und Π_2 in der X-Achse, Π_1 und Π_3 in der Y-Achse und Π_2 und Π_3 in der Z-Achse schneiden. Von O aus gelangen wir zu P, wenn wir auf der X-Achse um x fortschreiten, von da parallel zur Y-Achse um y und von da wieder parallel zur Z-Achse um z.

Auf den drei Achsen denken wir uns ferner die drei Einheitspunkte E_x, E_y, E_z markiert, so daß $OE_x = OE_y = OE_z = 1$ ist. Nach dem Pohlkeschen Satz (S. 45) kann jedes ebene Viereck angesehen werden als ähnlich zu einer schiefen Parallelprojektion des Tetraeders $OE_xE_yE_z$, wobei wir weder im Viereck noch im Tetraeder alle Verbindungslinien der Ecken ausziehen, sondern nur die, welche auf den Achsen liegen. Haben wir also irgendein ebenes Viereck $O'E_x'E_y'E_z'$, so geben die Strecken $O'E_x'$, $O'E_y'$ oder $O'E_z'$ die Veränderungen der Einheitsstrecke e an, wenn sie parallel zur X-Achse, Y-Achse oder Z-Achse liegt. Die Veränderung s_x' irgendeiner anderen zur X-Achse parallelen Strecke s ergibt sich dann leicht aus der Proportion $s : s_x' = e : e_x'$; für die anderen Achsen ist es analog.

Beim praktischen Zeichnen wird es sich bei diesen Veränderungen nur um Verkürzungen handeln, denn wir haben früher empfohlen, nur solche Pohlkesche Vierecke zugrunde zu legen, die zu günstigen Bildern führen. Da man aber irgendeine Strecke im Raum nie größer sehen kann als sie selbst ist, empfiehlt es sich, die obigen Veränderungen der Einheitsstrecken durch die Parallelprojektion nur Verkürzungen sein zu lassen (höchstens 1 : 1).

Hat nun ein Punkt P von den drei Ebenen Π_3, Π_2, Π_1 entsprechend die Abstände (Koordinaten) x, y, z, so können wir auf dem oben angedeuteten Weg in drei Schritten von O nach P kommen, deren jeder einer Achse parallel ist, und die gleich x, y, z sind. Mit Hilfe der obigen Proportionen können wir die Verkürzungen x', y', z' finden und dann damit in der Parallelprojektion des Achsenkreuzes die entsprechenden drei Schritte parallel zu den Achsen $O'X'$, $O'Y'$, $O'Z'$ wiederholen, die jetzt natürlich alle in einer Ebene liegen. Der Endpunkt P' ist dann die Parallelprojektion des Punktes P.

Wir wählen jetzt den einfachen Fall:

$$O'E_x' : O'E_y' : O'E_z' = 1 : \tfrac{1}{2} : 1$$

und $\sphericalangle X'O'Z' = 90^0$, $\sphericalangle X'O'Y' = \sphericalangle Y'O'Z' = 135^0$.

11. Schiefwinklige Parallelprojektion, Axonometrie

Dann werden die beiden folgenden Figuren 47 und 48 von selbst verständlich sein.

Der Anblick des Hauses in Fig. 48 erscheint von vorn und etwas von oben. Dieser Eindruck wird noch verstärkt, wenn die X-Achse auch etwas nach unten geneigt wird, wie die Fig. 49 zeigt, wo wir das Verhältnis $1 : \frac{3}{4} : 1$ wählten.

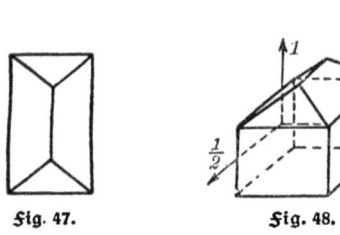
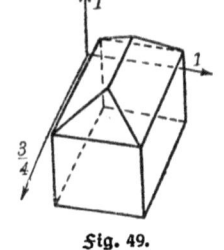

Fig. 47.   Fig. 48.   Fig. 49.

Dagegen erscheint das Haus von einem nicht so hoch gelegenen Punkt betrachtet, wenn die X-Achse wieder horizontal ist und die Y-Achse

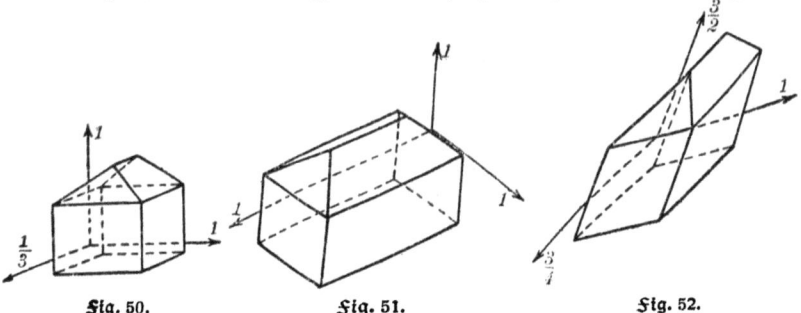

Fig. 50.   Fig. 51.   Fig. 52.

einen kleineren Winkel mit der verlängerten X-Achse bildet. Vgl. Fig. 50, wo das Verkürzungsverhältnis $1 : \frac{1}{3} : 1$ gewählt wurde.

Dann mag noch ein Beispiel gegeben werden, das im besonderen der rechtwinkligen Axonometrie angehört; die drei Achsen sind in Fig. 51 alle unter 120° geneigt, und das Verhältnis ist $1 : 1 : 1$, also derselbe Fall wie in Fig. 17.

Zum Schluß in Fig. 52 noch eine beliebige Parallelprojektion ($1 : \frac{3}{4} : \frac{3}{2}$) wieder desselben Gebildes, die andeutet, wie ungünstig ein solches

78 II. Die Mongesche Zweitafelmethode

Bild wirken kann, wenn man alles willkürlich festsetzt. Durch Probieren versuche man da die Richtung der Projektionsstrahlen im Raum festzustellen; in jener Richtung wird dann das Bild günstig wirken.

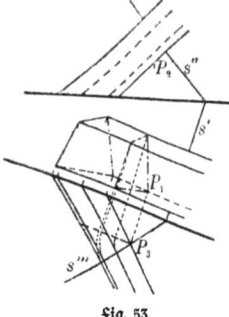

Fig. 53.

12. Ebene Schnitte.

Prismenschnitte. Hier knüpfen wir an die Betrachtungen in Nr. 2 an. Die dort gelösten Aufgaben können wir ohne weiteres mit Hilfe des Zweitafelverfahrens lösen, ohne daß es nötig wäre, näher darauf einzugehen, zumal in [136] solche ebenen Figuren schon betrachtet wurden. Wir besprechen nur solche Fälle, bei denen das Zweitafelverfahren besonders einfache Konstruktionsmöglichkeiten bietet.

[153] Ein schiefes vierseitiges Prisma, das mit der Grundfläche in Π_1 liegt, soll durch eine Ebene senkrecht zu den Seitenkanten geschnitten werden; gesucht wird also der Querschnitt.

Wir projizieren unser Prisma auf eine zu den Prismenkanten parallele und zu Π_1 senkrechte Hilfsebene Π_3. Dann legen wir die Schnittebene so, daß s''' die Prismenkanten rechtwinklig schneidet und s' senkrecht zur Hilfsachse a_{13} steht. Das Stück von s''' zwischen den beiden äußeren Prismenkanten in der dritten Projektion ist zugleich die dritte Projektion der Schnittfigur. Um diese selbst zu erhalten, drehen wir die Schnittebene um eine durch einen Punkt P der einen Prismenkante $\parallel s'$ gehende Gerade parallel zu Π_1. Die Projektionen der Eckpunkte der Schnittfigur wandern dann in Π_1 auf den ersten Projektionen der Prismenkanten, während die dritten Projektionen auf Kreisbögen um P_3 wandern, bis sie in eine zu a_{13} parallele Lage kommen. Das umgelegte Schnittviereck ist dann leicht zu konstruieren (vgl. Fig. 53); es stellt die wahre Größe des gesuchten ebenen Schnittes dar. Wollte man noch Grund- und Aufriß der Schnittfigur haben, so müßte man die Schnittpunkte von s''' mit den dritten Projektionen der Prismenkanten nach der ersten Projektion ($\perp a_{13}$) herüberloten und von da herauf ($\perp a_{12}$) nach der ersten Projektion.

Denkt man sich das Prisma $\parallel \Pi_1$ abgeschnitten, so könnte man noch die Aufgabe lösen [154], die Abwicklung des Prismas (Netz) zu kon-

12. Ebene Schnitte

struieren. Da hat man zu bedenken, daß Π_3 die wahren Längen der Seitenkanten enthält, während die Grundfläche schon die wahre Größe darbietet. Bei der Abwicklung geht die Schnittfigur in eine Gerade über, die dann senkrecht zu den Seitenkanten steht. Ganz ähnlich wird folgende Aufgabe gelöst: [155] Man wickle einen schiefen Kreiszylinder ab. Die Abwicklung der Schnittellipse geschehe dadurch, daß man kleine Bogenstrecken gleich der Sehne setzt.

[156] Ein schiefes Prisma, das mit der Grundfläche in Π_1 liegt, soll mit einer beliebigen Ebene (s', s'') zum Schnitt gebracht werden. Die nächstliegende Lösung wäre, daß man jede Kante einzeln mit der Ebene zum Schnitt brächte. Wir wollen anders vorgehen. Durch jede Kante legen wir eine Ebene parallel zu s'';

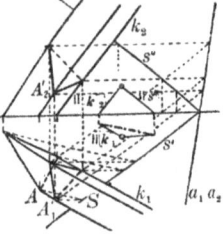

Fig. 54.

alle diese Ebenen haben dann Horizontalspuren, die zueinander parallel sind, und deren Richtung h' man leicht feststellen kann (vgl. die kleine Figur im Innern von Fig. 54, an deren Seiten steht: $\|k_1, \|k_2, \|s''$; die strichpunktierte Linie im Innern ist h'). Nehmen wir jetzt an, A' sei der Schnittpunkt der Prismenkante durch die Ecke A der Grundfläche mit der Schnittebene, so möge durch AA' eine solche Hilfsebene $\|s''$ gelegt sein. Dann kann man von A' in der Hilfsebene $\|s''$ heruntergehen bis zum Schnittpunkt S mit s'. In der Projektion auf Π_1 geschieht das parallel zur Achse durch A_1' bis S. Gehen wir dann von S längs der Horizontalspur h' in der Hilfsebene weiter, so kommen wir zu A und schließlich längs der Prismenkante zurück zu A' (in der Projektion zu A_1'). Das gibt uns folgende Konstruktion von A_1'. Man geht von A parallel der konstruierten Hilfsrichtung h' bis zum Schnittpunkt S mit s' und von da parallel zur Achse bis zum Schnitt A_1' mit der Projektion der Prismenkante durch A; das ist der gesuchte Schnittpunkt. Auf diese Weise kann man schnell durch bloßes Parallelenziehen den Grundriß der Schnittfigur ermitteln. Den Aufriß der Schnittfigur findet man entweder durch direktes Heraufgehen längs der Achsenlote oder durch [134].

Kontrolle: Legt man durch einen Eckpunkt der Schnittfigur eine erste Hauptlinie in der Schnittebene, so müssen sich deren Projektionen auf der Affinitätsachse $a_1 a_2$ schneiden.

Zylinderschnitte. [157] Ein schiefer Kreiszylinder soll mit einer Ebene zum Schnitt gebracht werden. Man könnte ebenso wie in [155] verfahren und Punkt für Punkt der Schnittellipse konstruieren. Schneller kommt man zum Ziel, wenn man dem Grundkreis ein Quadrat umbeschreibt, von dem zwei Seiten der Projektionsachse parallel laufen, und durch die Ecken Parallelen zu den Zylindererzeugenden legt. Dann hat man dem Zylinder ein schiefes quadratisches Prisma umbeschrieben, dessen Schnittfigur mit der schneidenden Ebene nach [156] leicht aufzufinden ist; es ist ein Parallelogramm, in das man eine Ellipse einzubeschreiben hat. In den Projektionen ist es ebenso. Besonders zu konstruieren hat man die Berührungspunkte dieser Ellipse mit dem scheinbaren Umriß des Zylinders, das sind die Erzeugenden, deren Horizontalprojektionen den Grundkreis berühren. Man konstruiert diesen Berührungspunkt als affinen Punkt zu dem entsprechenden Berührungspunkt derselben Erzeugenden mit dem Grundkreis. Vgl. hierzu die Ausführungen S. 28.

Pyramidenschnitte. [158] Man soll eine Pyramide, die mit der Grundfläche in Π_1 liegt, durch eine Ebene E(s', s'') schneiden, Grund- und Aufriß der Schnittfigur angeben und den entstandenen Pyramidenstumpf abwickeln. Um die Schnittfigur zu ermitteln, wäre es das Nächstliegende, jede Kante einzeln mit E zum Schnitt zu bringen, aber besser führt folgende Konstruktion zum Ziel. Durch die Spitze P der Pyramide legt man eine Parallele zu s'', die die Horizontalebene in P' schneidet. P' kann dann auch als die $\| s''$ in Π_1 projizierte Pyramidenspitze angesehen werden. Nun legt man durch jede einzelne Pyramidenkante eine Hilfsebene $\| s''$, deren Spuren sich alle in P' schneiden. In jeder solcher Hilfsebene vergegenwärtigen wir uns wieder ein analoges Dreieck wie in [156], A sei eine Ecke der Grundfläche, A' der Punkt der Schnittfigur auf der Prismenkante durch A und S der Schnittpunkt der Spur der Hilfsebene durch AA' mit s'. Die Punkte S entsprechend allen Eckpunkten der Grundfläche sind sofort angebbar, folglich auch wieder die Parallelen durch diese Punkte S zur Achse, so daß die Punkte A' auch alle genau wie in [156] einfach zu konstruieren sind. Für die Ermittelung des Aufrisses gilt dasselbe wie am Schluß von [156].

Noch ein Wort zur Ermittelung des Netzes vom Pyramidenstumpf! Man wickelt zunächst die ganze Pyramide ab, bestimmt also zuerst die wahren Seitenlängen der Kanten (durch Drehung der rechtwinkligen Dreiecke bestehend aus der Pyramidenhöhe und der betreffenden Seitenkante um die Höhe in eine zu Π_2 parallele Lage). Zugleich mit

13. Durchdringungen und Schatten

dieser Drehung läßt man auch die Eckpunkte der Schnittfigur mitwandern, so daß man auch sofort die wahren Längen der Kanten des Pyramidenstumpfes hat. Dann kann man in die Abwicklung der ganzen Pyramide die der Schnittfigur hineinzeichnen. Es wird sich empfehlen, diese Feststellung der wahren Seitenlängen besonders zu zeichnen, etwa derart, daß man sich Grund- und Aufriß der Pyramide noch einmal links neben der Fig. 55, also parallel der Achse verschoben, zeichnet und da jene Drehungen zur Ermittelung der wahren Längen ausführt.

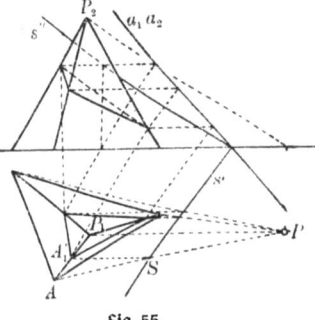

Fig. 55.

Kegelschnitte. Wegen der ebenen Schnitte von beliebigen Kreiskegeln (Grundfläche in Π) verweisen wir auf die Ausführungen S. 26 f.; die Lösungsmethode ist dieselbe wie für die Pyramiden. Man führe [158a, b, c] die drei Fälle: Ellipse, Parabel, Hyperbel mit Hilfe von Grund- und Aufriß durch. Auf andere Weise kommt man zum Ziel, wenn man Hilfsebenen parallel zu Π_1 legt.

13. Durchdringungen und Schatten.

Schnitte von Geraden mit Körpern. Einfache Durchdringungen (also Schnitte) von Geraden mit ebenen Stücken (Dreiecken usw.) haben wir schon S. 60 f. besprochen. Damit wären eigentlich auch schon die Durchdringungen von Geraden mit ebenflächigen Körpern erledigt, wenn man feststellen könnte, welche Seitenflächen von der Geraden getroffen werden. Es werden offenbar solche Seitenflächen durchschnitten, bei denen der Schnittpunkt der Geraden mit der betreffenden Ebene innerhalb der Seitenfläche liegt; das zu ermitteln ist natürlich nicht schwer, wenn auch manchmal umständlich.*) Wir wenden

---

*) Einfacher kommt man zum Ziel, wenn man den Körper so umprojiziert, daß man als Projektionsebene eine solche nimmt, die zur schneidenden Geraden senkrecht verläuft, dann gibt in der vierten Projektion die als Punkt erscheinende Schnittgerade zugleich den Durchdringungspunkt an.

uns hier nur den Körpern zu, wo diese Ermittelung besonders einfach ist, den Prismen und Pyramiden, und lösen folgende Aufgaben:

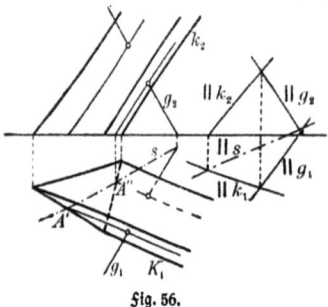

Fig. 56.

[159] Gesucht werden die Durchdringungspunkte einer Geraden mit einem Prisma, dessen Grundfläche in Π_1 liegt. Der Grundgedanke der Konstruktion ist folgender. Man legt durch die schneidende Gerade g eine Ebene parallel mit den Prismenkanten und bestimmt ihre Horizontalspur s. Durch die beiden Schnittpunkte A' und A'' von s mit den Seitenkanten in der Grundfläche legt man in den Seitenflächen Parallelen zu den Prismenkanten, das sind zugleich die Schnittgeraden der Hilfsebene mit dem Prisma. Die gesuchten Schnittpunkte liegen einmal auf diesen Schnittgeraden durch A' und A'', dann aber auf g selbst, so daß also die Horizontalprojektionen der gesuchten Durchdringungspunkte damit gefunden sind. Man denkt sich das im Innern des Körpers liegende Stück von g gar nicht vorhanden und zieht dementsprechend dieses Stück auch nicht aus (Fig. 56). Trifft die Horizontalspur der Hilfsebene die Seitengrundfläche nicht selbst, so schneidet g das Prisma gar nicht.

[160] Man soll den Ein- und Austrittspunkt einer Geraden mit einer Pyramide bestimmen. Die Lösung ist ähnlich wie bei [159]. Man legt die Hilfsebene durch g und durch die Spitze der Pyramide; um die Horizontalspur s dieser Hilfsebene zu ermitteln, legt man noch eine Gerade $g' \parallel g$ durch die Pyramidenspitze und bestimmt sowohl den Horizontalspurpunkt H von g wie H' von g'. $HH' = s$ bringt man zum Schnitt mit den Seiten der Pyramidengrundfläche in A' und A'', legt durch A' und A'' die Geraden nach der Spitze und bringt diese Geraden zum Schnitt mit g.

[161] Die Durchdringungspunkte einer Geraden g mit einem Zylinder sollen ermittelt werden. Vgl. [159].

[162] Die entsprechende Aufgabe für einen Kegel wird nach [160] gelöst und ist in Fig. 57 dargestellt. Zur Erklärung dieser Figur sei auf [160] verwiesen.

[163] Man soll die Durchdringungspunkte einer Geraden g mit

13. Durchdringungen und Schatten

einer Kugel bestimmen. Denkt man sich durch $g \perp \Pi_1$ eine Hilfsebene E gelegt und diese mit der Kugel zum Schnitt gebracht, so kann man diese Hilfsebene mit dem Schnittkreis und der Geraden g in Π_1 umlegen und da die Schnittpunkte konstruieren (Fig. 58).

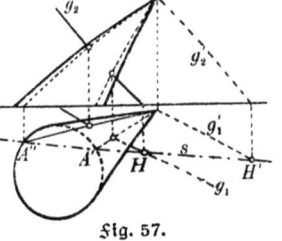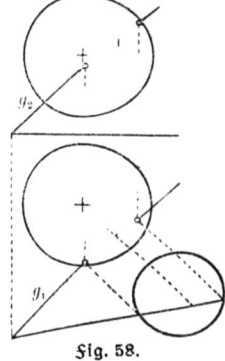

Fig. 57.   Fig. 58.

Durchdringungen von Körpern. [164] Um die Durchdringung eines Prismas mit einem beliebigen ebenflächigen Körper zu erhalten, empfiehlt es sich die schon S. 81 in der Anmerkung gegebene Methode anzuwenden, nämlich die ganze räumliche Figur auf eine Ebene senkrecht zu den Prismenkanten zu projizieren; damit hat man dann in der vierten Projektion schon alles Gewünschte und man hat nur zurückzuloten. Man löse hiernach:

[165] Man soll durch ein Dodekaeder ein quadratisches prismatisches Loch bohren.

Bei den Durchdringungen von Körpern hat man zu unterscheiden zwischen wirklichen Durchdringungen, wobei zwei Durchdringungslinienzüge vorhanden sind, und Eindringungen, wobei nur ein Linienzug vorhanden ist.

Besonders einfache Methoden ergeben sich wieder, wenn man Prismen und Pyramiden hat, deren Grundflächen in Π_1 liegen.

[166] Zwei Prismen mit den Grundflächen in Π_1 sollen zum Schnitt gebracht werden. Man bestimmt zunächst die Horizontalspur einer Ebene, die sowohl zu den Kanten des einen wie zu den Kanten des anderen Prismas parallel ist. Dann legt man zu dieser Hilfsebene parallele Ebenen und bringt sie mit den Prismen zum Schnitt. Von den dabei entstandenen Geraden sind die Schnittpunkte festzustellen, die dann Punkte der gesuchten Durchdringungsfigur sind. Es genügt natürlich, die Durchstichspunkte der Kanten des einen Prismas mit dem anderen Prisma zu ermitteln und umgekehrt. Von Wichtigkeit ist bei diesen Aufgaben die Bestimmung der Sichtbarkeit und

Unsichtbarkeit des Durchdringungslinienzugs. Darauf ist besonderes Augenmerk zu richten. Sichtbar sind nur solche Strecken der Durchdringungsfigur, die als Schnitte zweier sichtbarer Flächen entstanden sind. Analog wird auch folgende Aufgabe gelöst:

[167] Es soll die Durchdringung zweier Pyramiden ermittelt werden, deren Grundflächen in Π_1 liegen. Hier legen wir Hilfsebenen durch die beiden Pyramidenspitzen, also ein Ebenenbüschel. Die Spuren aller dieser Ebenen schneiden sich im Horizontalspurpunkt der Verbindungslinie der Pyramidenspitzen. Man hat also nur die nötigen Geraden in Π_1 durch jenen Spurhilfspunkt zu betrachten, sie mit beiden Grundflächen zum Schnitt zu bringen und in den Seitenflächen die Geraden jener Schnittpunkte nach den Spitzen zu ziehen; ihre Schnittpunkte sind Punkte der Durchdringungsfigur. Man wird auch hier nur wieder die Durchdringungspunkte der Kanten jedesmal mit der anderen Pyramide bestimmen.

[168] Liegen dagegen ein Prisma und eine Pyramide vor, deren Grundflächen in Π_1 liegen, so wird man Hilfsebenen legen, die sich alle in einer Geraden schneiden, die durch die Pyramidenspitze geht und zu den Prismenkanten parallel ist.

Wie schon erwähnt wurde, bieten die Durchdringungen von ebenflächigen Körpern im Grunde genommen keine Schwierigkeiten, da die nötigen Einzelkonstruktionen alle behandelt sind. Die Schwierigkeit beginnt erst, wenn man die gefundenen Durchdringungspunkte richtig verbinden will, um den Durchdringungslinienzug darzustellen. Um dies deutlich erkennen zu lassen, bringen wir [169] ein vierseitiges gerades Prisma mit der Grundfläche in Π_1 zum Schnitt mit einer beliebig im Raum liegenden dreiseitigen Pyramide (Fig. 59), und zwar nicht nach der Methode der Hilfsebenen, denn dann müßten wir erst die schneidenden Kanten der Pyramide mit Π_1 zum Schnitt bringen, sondern nach der S. 61 erwähnten direkten Methode. Die Schnittpunkte der Pyramidenkanten mit den Prismenseitenflächen sind direkt aus dem Grundriß zu entnehmen und in den Aufriß nach den Pyramidenkanten heraufzuloten. So wurden die Punkte F_2', F_2'', G_2', G_2'' auf den Kanten P_2F_2 und P_2G_2 gefunden. Daß die Kante PE das Prisma gar nicht schneidet, geht aus dem Grundriß hervor. Es handelt sich nun noch um die Durchdringungspunkte der Prismenkanten mit den Pyramidenflächen. Zu diesem Zweck legen wir je eine beliebige Hilfsebene $\perp \Pi_1$ durch die schneidenden Prismenkanten, die als solche ebenfalls sofort aus

13. Durchdringungen und Schatten

dem Grundriß erkennbar sind. Wir bezeichnen im folgenden die Prismenkanten nur durch ihre oberen Endpunkte A, B, C, D. Die Hilfsebene durch die Kante C schneide die Pyramidenkanten PG und PE in den beiden Punkten X' und X'', deren Grundrisse sofort angebbar sind, und deren Aufrisse durch Herausloten gefunden werden. Der Schnittpunkt C_2'' von $X_2'X_2''$ mit der Prismenkante C_2 ist bereits der eine Durchdringungspunkt der Kante C mit der Pyramidenfläche PEG im Aufriß. Durch Herausloten des Schnittpunktes X_1''' der Hilfsebene mit der Pyramidenkante PF im Grundriß bekommt man auf P_2F_2 den Punkt X_2''', und der Schnittpunkt C_2' von $X_2'X_2'''$ mit der Prismenkante C_2' ist der zweite Durchdringungspunkt der Kante C mit der Pyramide. Ebenso wurden noch die Punkte D_2' und D_2'' gefunden. Nun gilt es, die richtigen Verbindungsstrecken zu ziehen.

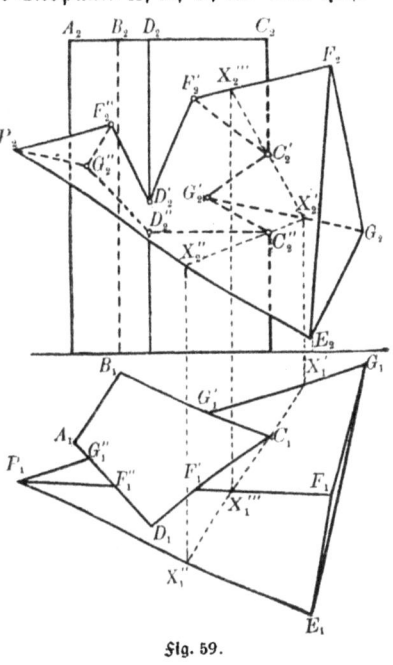

Fig. 59.

Jeder Durchdringungspunkt ist der Schnittpunkt dreier Ebenen. Geht man von einem solchen Punkt, z. B. von F_2', aus auf dem zu konstruierenden Durchdringungslinienzug vorwärts, so verläßt man eine der drei Ebenen und bewegt sich auf der Schnittgeraden der beiden anderen weiter bis zum nächsten Eckpunkt des Schnittvielecks (das natürlich kein ebenes ist). Man legt sich am besten ein Verzeichnis aller konstruierten Durchdringungspunkte an und schreibt zu jedem die drei Ebenen, in denen dieser Punkt liegt. Dann ist es ganz klar, daß der nächste Punkt beim Entlangwandern auf dem Durchdringungsvieleck derjenige ist, der auch noch in den beiden Ebenen liegt, in deren Schnittgeraden man sich eben befand. Wir gingen oben von F' aus und wollen annehmen, daß wir die Pyramidenfläche PFG (wir lassen

II. Die Mongesche Zweitafelmethode

in Zukunft P weg) verlassen und auf der Schnittgeraden der beiden Ebenen EF und CD weiterwandern. Unter allen Punkten des Durchdringungsvielecks kann nur der in Betracht kommen, der außer auf einer dritten Fläche auch noch auf EF und CD liegt, das ist aber D'. Von hier aus gehen wir auf einer der drei in D' sich treffenden Schnittgeraden der drei durch D' gehenden Ebenen weiter, natürlich nicht längs derjenigen, auf der wir eben gekommen sind, auch nicht auf der, die eine Prismenkante ist, also auf der dritten d. h. auf der, die durch die beiden Ebenen AD und EF gebildet wird. In dieser Weise findet man stets den nächsten Punkt, bis man wieder zum Ausgangspunkt zurückkommt. Um in der Zusammenstellung der Punkte gleich zu wissen, ob zwei Ebenen der drei durch jeden Punkt zu einer Prismen- oder Pyramidenkante führen, auf der man ja nicht weitergehen darf, schreiben wir sie geordnet in einem Schema auf, wie es im folgenden geschehen ist:

	Pyramide	Prisma	Punkt-reihenfolge
F'	EF, FG	CD	1
F''	EF, FG	$\overline{AD}$	3
G'	EG, GF	$\overline{CB}$	7
G''	EG, GF	$\overline{AD}$	4
C'	$\overline{FG}$	DC, CB	8
C''	$\overline{EG}$	$DC, \overline{CB}$	6
D'	$\overline{EF}$	$\overline{AD}, DC$	2
D''	$\overline{EG}$	$AD, \overline{DC}$	5

Auf der Schnittgeraden zweier Ebenen in derselben Rubrik darf man nicht weitergehen, ebensowenig auf der von zwei unterstrichenen — das sollen die Ebenen sein, auf deren Schnittgeraden man angekommen ist. Wenn wir also oben von F' aus auf der Schnittgeraden von CD und EF weitergehen, so müssen wir auf der von CD und FG angekommen sein; daher wurden im Schema diese unterstrichen. Derjenige Punkt im Schema, der auch noch CD und EF aufweist, ist D', daher wurden diese bei D' unterstrichen. EF und AD bezeichnen dann die Ebenen, auf denen wir weitergehen müssen, sie

13. Durchdringungen und Schatten

kommen wieder bei F'' vor (also ist dies der nächste Punkt) und müssen dort unterstrichen werden. Auf der Schnittgeraden von FG und AD geht es weiter, diese Ebenen treten bei G'' auf, also wurden sie unterstrichen. Nun geht es auf EG und AD weiter, also zum Punkt D'', wo sie unterstrichen werden. Weiter wandern wir auf EG und DC und kommen zu C'', von da zu G', C' und zurück zu F'.

Diese Methode hat den Vorteil, daß sie selbsttätig Fehler korrigiert; denn ungenaues Zeichnen kann sehr wohl mal eine Durchdringung vortäuschen, wo vielleicht die Kante nur sehr nahe vorbeigeht; da würden die fälschlich konstruierten Punkte von unserer Methode gar nicht berührt werden. Wegen Sichtbarkeit und Unsichtbarkeit des Durchdringungsvielecks verweisen wir auf die obigen Bemerkungen S. 84.

[170] Man führe die entsprechende Aufgabe für zwei Pyramiden durch, achte aber darauf, daß deren Grundflächen wirklich ebene Figuren sind.

Die Aufgaben [166] bis [168] führen ohne weiteres zu den Durchdringungen von Zylindern und Kegeln, deren Grundflächen in Π_1 liegen: [171] Man soll bestimmen die Durchdringung zweier Zylinder, [172] zweier Kegel und [173] eines Zylinders mit einem Kegel.

Zu [171] ist zu bemerken, daß man gut tun wird, die Richtung der Aufrißerzeugenden so zu wählen, daß die Horizontalspurrichtung der Hilfsebenen parallel der Achse gehe. Natürlich hat man nur solche Horizontalspuren zu ziehen, die beide Grundflächen schneiden. Die Umrißpunkte sind besonders sorgfältig zu konstruieren. Die Sichtbarkeit regelt sich danach, ob eine sichtbare Erzeugende mit einer ebensolchen zum Schnitt gebracht wurde; alle anderen Erzeugenden bringen einen unsichtbaren Durchdringungspunkt hervor. Hervorzuheben ist noch, daß der Fall eintreten kann, wo eine der beiden äußersten Horizontalspuren gemeinsame Tangente an beide Grundkreise ist. In diesem Fall schneidet sich die Durchdringungskurve selbst; man sagt, sie hat einen Doppelpunkt. Die beiden Zylinder oder Kegel haben dann eine gemeinschaftliche Tangentialebene.

Die angegebene Methode hat den Vorteil, daß sie auch zur Anwendung kommen kann, wenn die Grundflächen keine Kreise sind, sondern beliebige Kurven. Sind es aber Kreise oder liegen solche krumme Flächen vor, die von allen Ebenen $\parallel \Pi_1$ in Kreisen geschnitten werden, so kann man die Durchdringungspunkte auch als Schnittpunkte jener Kreise finden, z. B. bei Rotationsflächen, deren Achsen

II. Die Mongesche Zweitafelmethode

$\perp \Pi_1$ sind. Als solche Fläche kann auch die Kugel aufgefaßt werden, und man kann hiernach folgende Aufgaben lösen.

[174] und [175] Eine Kugel ist mit einem schiefen Kreiszylinder oder mit einem schiefen Kreiskegel zum Schnitt zu bringen.

[176] Ein Rotationskörper, dessen Achse $\perp \Pi_1$, soll mit einer Kugel zum Schnitt gebracht werden.

[177 a u. b] Ein Rotationskörper soll einmal parallel und einmal senkrecht zur Achse zylindrisch durchbohrt werden.

Rotationsflächen. Die allgemeine Behandlung dieser Flächen müssen wir uns leider wegen Raummangel versagen; hier mögen nur einige kurze Bemerkungen folgen. Alle Ebenen senkrecht zur Rotationsachse schneiden solche Körper in Kreisen, die man Breiten- oder Parallelkreise nennt, Ebenen durch die Rotationsachse schneiden diese Körper in kongruenten Meridiankurven. Für gewöhnlich wählt man eine Darstellung derart, daß die Rotationsachse senkrecht zu Π_1 steht; dann bezeichnet man den Meridianschnitt $\| \Pi_2$ als Hauptmeridian. Zu einem Punkt der Oberfläche in der Horizontalprojektion können mehrere Punkte in der Vertikalprojektion gehören, dagegen zu einem Punkt in der Vertikalprojektion zwei Punkte in der Horizontalprojektion. Die Grundaufgaben über solche Rotationsflächen sind folgende:

[178] In einem Punkt P einer Rotationsfläche soll die Tangentialebene konstruiert werden. Man denkt sich den durch P gehenden Parallelkreis und die zugehörige Meridiankurve gelegt. Die Tangentialebene in P ist dann bestimmt durch die Tangenten an diese Kurven in P. Die Tangente t' an den Breitenkreis durch P ist im Aufriß parallel zur Achse, während sie im Grundriß als Tangente direkt konstruiert werden kann. Die Tangente t'' an die Meridiankurve ist im Grundriß dadurch bestimmt, daß sie durch die in Π_1 als Punkt erscheinende Rotationsachse verlaufen muß; für die Konstruktion von t''_2 ist zu bemerken, daß die Tangenten in sämtlichen Punkten eines Breitenkreises an die Meridiankurven einen Kreiskegel bilden, dessen Spitze auf der Rotationsachse liegt und daß diese Spitze gefunden werden kann durch die Tangente an den Hauptmeridian. t' und t'' sind für die Tangentialebene Haupt- und Fallgerade.

[179] Ist der Rotationskörper im besonderen eine Kugel, so legt man einfacher durch den gegebenen Punkt je eine Ebene $\| \Pi_1$ und $\| \Pi_2$ und bestimmt an die Schnittkreise die Tangenten t' und t'', die

13. Durchdringungen und Schatten

dann die Tangentialebene bestimmen. Im übrigen müssen die Spuren (Hauptlinien) der Tangentialebene an die Kugel senkrecht auf den Projektionen des Radius nach dem Berührungspunkt stehen.

Eine weitere Grundaufgabe für Rotationsflächen wäre noch,
[180] sie mit einer beliebigen Geraden g zum Schnitt zu bringen. Man legt durch g eine Hilfsebene $\perp \Pi_2$, bestimmt die Schnittkurve und bringt diese mit g zum Schnitt. Im Aufriß fällt die Schnittkurve mit g_2 zusammen; man braucht also nur die Punkte der Rotationsfläche im Grundriß zu bestimmen, die im Aufriß auf g_2 liegen. Der Schnitt von g_1 mit dieser so erhaltenen Hilfskurve gibt die Horizontalprojektion der gesuchten Durchdringungspunkte. Eine dritte Grundaufgabe:

[181] Man soll die Schnittkurve einer beliebigen Ebene E mit einer Rotationsfläche bestimmen. Entweder dreht man den Körper mit der Ebene E so, daß $E \perp \Pi_2$, dann hat man die Aufgabe schon in [180] gelöst und muß nur zurückdrehen in die alte Lage; oder man bringt die einzelnen Hauptlinien erster Art mit den einzelnen Breitenkreisen zum Schnitt, die mit diesen Kreisen in einer Ebene liegen. Besonders sind da der höchste und tiefste Punkt der Schnittkurve genau zu bestimmen. Man löse hiernach folgende Aufgabe:

[182] Eine Kreisringfläche, deren Rotationsachse $\perp \Pi_1$ ist, soll mit einer Ebene zum Schnitt gebracht werden.

Zu den Aufgaben über Durchdringungen mit Rotationsflächen haben wir dem oben bei [174] bis [177] Gesagten weiter nichts hinzuzusetzen, höchstens daß man in Fällen, wo sich die Achsen zweier solcher Körper schneiden, Hilfskugeln um den Schnittpunkt der Achsen verwendet.

Die Schattenaufgaben. Soll der Schatten irgendeines Körpers auf Π_1 bestimmt werden, so denkt man sich den Körper undurchsichtig, so daß bei parallelem Licht ein Schattenprisma oder Schattenzylinder, bei zentralem Licht eine Schattenpyramide oder ein Schattenkegel entsteht. Die Schnittfläche dieses Schattenraumes mit Π_1 stellt den (Schlag-) Schatten in Π_1 dar. Fällt ein Teil des Schattens auf Π_2, so hat man entsprechend den Schattenraum mit Π_2 zum Schnitt zu bringen. Hervorzuheben ist, daß dann der Schattenumriß in Π_1 die Projektionsachse in denselben beiden Punkten schneiden muß wie der Schattenumriß in Π_2. Für Schattenkonstruktionen bei parallelem Licht wählt man für gewöhnlich Lichtstrahlen, deren Projektionen die Projektionsachse unter 45° schneiden. Wirft ein Körper (Schlag-)Schatten auf einen anderen Körper, so hat man die Durchdringung des Schattenraumes mit dem zweiten Körper zu bestimmen. Entsprechendes gilt natürlich auch, wenn irgendein Teil eines Gebildes Schatten auf andere Teile desselben Gebildes wirft. Von den nicht beleuchteten Flächenteilen eines einzigen Körpers sagt man, daß sie im Eigenschatten liegen.

Wegen all der in diesem letzten Paragraphen meist nur angedeuteten Aufgaben empfehlen wir eingehendere Studien in den unter 8) angeführten Lehrbüchern. Das war ja die Aufgabe dieses Bändchens, für diese größeren Werke vorzubereiten.

Im Verlag von B. G. Teubner, Leipzig-Berlin ist erschienen:

Elemente
der darstellenden Geometrie

Von E. Prix

weil. Oberlehrer am Realgymnasium zu Annaberg

2 Teile.   Mit Figuren im Text.   gr. 8.

I. Teil. Darstellung von Raumgebilden durch orthogonale Projektionen. Mit Figuren im Text. [VII u. 72 S.] 1883. Geh. M. 3.—, geb. M. 4.50

II. Teil. Schnitte von ebenen und krummen Flächen. Schiefwinklige und axonometrische Projektionen. Zentralprojektion. Mit Figuren im Text. [IV u. 120 S.] 1883. Geh. M. 5.—, geb. M. 6.50

Anhang.

Literaturangaben.

1. Albrecht Dürer, Underweysung der Meßung mit dem Zirkel und richtscheyt in Linien Ebnen uñ gantzen Corporen, Nürnberg 1525 und 1538. — 2. G. Monge, Géométrie descriptive, leçons données aux écoles normales, Paris 1798. 7. Aufl. 1847. Deutsche Übersetzung von R. Haußner, Leipzig 1900, in Ostwalds Klassiker Nr. 117. — 3. P. Zühlke, Konstruktionen in begrenzter Ebene. Leipzig 1913, B. G. Teubner. Bd. 11 der math.-physik. Bibliothek von Lietzmann u. Witting. — 4. R. Rothe, Darstellende Geometrie des Geländes. Leipzig 1913, B. G. Teubner. Bd. 14 der math.-phys. Bibl. von Lietzmann u. Witting. — Ph. Lötzbeyer, Grundlehren der darstellenden Geometrie des Geländes. Dresden 1918, Ehlermann. Beide Bücher behandeln auch die Grundaufgaben der kotierten Projektion. — 5. K. Doehlemann, Projektive Geometrie in synthet. Behandlung. Sammlung Göschen Nr. 72. — R. Haußner, Darstellende Geometrie. II. Teil: Perspektive ebener Gebilde; Kegelschnitte. Sammlung Göschen Nr. 143. — Th. Reye, Die Geometrie der Lage. I. Abteilung. Leipzig, A. Kröner. — P. Schafheitlin, Synthetische Geometrie d. Kegelschnitte. Leipzig 1907, B. G. Teubner. — 6ª. C. Schoy, Beiträge zur konstruktiven Lösung sphärisch-astronom. Aufgaben. Leipzig, B. G. Teubner. — 6ᵇ. W. Leick, Astronomische Ortsbestimmungen. Leipzig 1912, Quelle & Meyer. — 7. K. Doehlemann, Die Grundzüge der Perspektive nebst Anwendungen. Leipzig, B. G. Teubner. ANuG. Bd. 510. — 8. Allgemeine Werke über darstellende Geometrie: A. Schudeisky, Projektionslehre. ANuG. Bd. 564; kann zum Vorstudium für unser Bändchen gewählt werden. — R. Haußner, Darstellende Geometrie in drei Bändchen der Sammlung Göschen. Bd. 143 ff. — M. Großmann, Elemente der darstell. Geometrie. Leipzig 1917. 84 Seiten; Ders., Darst. Geom. Leipzig 1915. 138 S. Beide Bändchen aus dem Teubnerschen Verlag bilden ein Ganzes und sind Studierenden der Technik sehr zu empfehlen. — J. Hjelmslev, Darstellende Geometrie. Leipzig 1914, B. G. Teubner; 320 S.; für angehende Mathematiker zu empfehlen. Ebenso: G. Loria, Vorlesungen über darst. Geometrie. Dtsch. v. Schütte u. Rohrberg. I. Bd.: Darstellungsmethoden. II. Anwendungen a. ebenfläch. Gebilde, Kurven u. Flächen. III. Geschichte. Ist sehr theoretisch gehalten. — F. v. Dalwigk, Vorlesungen über darst. Geom. Leipzig 1911, B. G. Teubner. I. Bd.: Die Methoden d. Parallelprojektion. II.: Perspektive, Zentralkollineation u. Photogrammetrie. — E. Müller, Lehrbuch der darst. Geom. für techn. Hochschulen. Leipzig 1918, B. G. Teubner; besonders für Bauingenieure. — Rohn u. Papperitz, Lehrbuch d. darst. Geom. Leipzig 1906, 1. Bd. Orthogonalproj. 2. Bd. Axonometrie, Perspektive, Beleuchtung. 3. Bd. Kegelschnitte, Fl. 2. Gr. usw. — G. Scheffers, Lehrb. d. darst. Geom. 2 Bde. Berlin 1919, J. Springer. Für Studierende jeder Art sehr zu empfehlen. — Für einzelne Fragen kommt der Artikel von E. Papperitz in Betracht in d. Enzyklopädie d. mathemat. Wissenschaften, Bd. III 1, Heft 4. Leipzig 1910, B. G. Teubner.

Unter Mitarbeit von Professor P. B. Fischer erschien innerhalb des
Mathematischen Unterrichtswerks
Herausgegeben von Lietzmann-Fischer-Zühlke:
Geometrische Aufgabensammlung. Ausg. A für Gymnasien. Unterstufe: Mit 266 Fig. [VIII u. 173 S.] M. 13.50. Oberstufe: Mit 51 Fig. [VI u. 150 S.] M. 11.70 Ausg. B für Realanstalten. Unterstufe: Mit 288 Fig. [VIII u. 239 S.] M. 18.45. Oberstufe: Mit 36 Fig. [VIII u. 169 S.] M. 13.05
Aufgabensammlung und Leitfaden der Geometrie. Ausg. A. für Gymnasien: Unterstufe. Mit 320 Fig. [VII u. 212 S.] M. 17.55. Oberstufe: Mit 106 Fig. [VI, 150 u. 65 S.] M. 17.55. Ausg. B für Realanstalten. Unterstufe: 2. Aufl. Mit 359 Fig. [VII, 241 u. 64 S.] M. 24.75. Oberstufe: Mit 144 Fig. [VIII, 170 u. 108 S.] M. 20.70

„Man muß dem Verfasser Bewunderung zollen; er hat es verstanden ins volle Leben hineinzugreifen und alles heranzuziehen, was das Interesse und die Wißbegierde der Jugend zu erwecken geeignet ist. Es ist erstaunlich, welch ein Wissensstoff in den Aufgaben zusammengetragen ist." (Zeitschr. für das Realschulwesen.)

Ferner erschien von Prof. P. B. Fischer als Vorstufe zu demselb. Unterrichtswerk:
Rechenbuch für höhere Knabenschulen. Ausg. in 1 Band: Mit 36 Fig. M. 9.— Ausg. in 3 Heften: I. Sexta. M. 4.50. II. Quinta. M. 3.60. III. Quarta. M. 3.60

Elemente der darstellend. Geometrie. Von Geh. Reg.-Rat Dr. *R. Sturm*, Prof. a. d. Univ. Breslau. 2., umg. und erw. Aufl. Mit 61 Fig. u. 7 lith. Tafeln. [V u. 157 S.] gr. 8. 1900. Geb. M. 14.—

Das Buch, dessen 2. Aufl. in erster Linie für die Studierenden an den Universitäten bestimmt ist, behandelt insbes. die Gegenstände, die für das weitere geometrische Studium von Bedeutung sind.

Darstellende Geometrie. I. Von Dr. *M. Großmann*, Prof. a. d. Eidgen. Techn. Hochsch. Zürich. Mit 134 Fig. [IV u. 84 S.] 8. 1921. (TL 2.) Kart. M. 10.—

Darstellende Geometrie. II. Von Dr. *M. Großmann*, Prof. a. d. Eidgen. Techn. Hochsch. Zürich. 2. erw. Aufl. Mit 144 Fig. [VI u. 154 S.] 8. 1921. (TL 3.) Kart. M. 20.—

Die beiden Bändchen bilden ein Ganzes. Das erste kann auch zum Selbststudium der elementaren Teile der darstellenden Geometrie dienen; im zweiten werden zuerst die Darstellungsmethoden vollständig dargelegt, hierauf die Kurven und Flächen behandelt.

Darstellende Geometrie. Von Dr. *J. Hjelmslev*, Prof. a. d. Techn. Hochsch. Kopenhagen. Mit 305 Abb. [IX u. 320 S.] 8. 1914. (Handb. der ang. Math. Bd. 2.) Geh. M. 15.—, geb. . . . . M. 22.50.

„Von ganz hervorragendem mathematischen Wert ist die geradezu meisterhafte Behandlung der ebenen Kurven und der Raumkurven. Jeder, der das Buch zur Hand nimmt, wird Gewinn davon haben: der Student, der mathematische Forscher, der Mathematiklehrer — kurz, ein vortreffliches Buch." (Zeitschr. f. d. math. u. naturw. Unterricht.)

Verlag von B. G. Teubner in Leipzig und Berlin

Die in diesen Anzeigen angegebenen Preise sind die ab 1. VII. 1921 gültigen als freibleibend zu betrachtenden Ladenpreise, zu denen die meinen Verlag vorzugsweise führenden Sortimentsbuchhandlungen sie zu liefern in der Lage und verpflichtet sind, und die ich selbst berechne. Sollten betreffs der Berechnung eines Buches meines Verlages irgendwelche Zweifel bestehen, so erbitte ich direkte Mitteilung an mich.
Preise freibleibend.

Vorlesungen über darstellende Geometrie. Von Dr. *F. v. Dalwigk*, Prof. a. d. Univ. Marburg. In 2 Bänden. I. Bd.: Die Methoden der Parallelprojektion. Mit 184 Fig. [XVI u. 364 S.] gr. 8. 1911. Geb. M. 32.50 II. Bd. Perspektive, Zentralkollineation und Grundzüge der Photogrammetrie. Mit über 130 Fig. [XI u. 322 S.] gr. 8. 1914. Geh. M. 25.—, geb. . . M. 27.50
Lehrbuch der darstellenden Geometrie für Technische Hochschulen. Von Hofrat Dr. *E. Müller*, Prof. a. d. Techn. Hochschule Wien. I. Bd. 3. Aufl. Mit 289 Fig. u. 3 Taf. [XIV u. 370 S.] gr. 8. 1920. Geh. M. 52.50, geb. M. 60.— II. Bd. Mit 328 Fig. [X u. 361 S.] 1919. Geh. M. 52.50, geb. M. 60.— II. Band auch in 2 Heften erhältlich: 1. Heft. 2. Aufl. Mit 140 Fig. [VII u. 129 S.] 1919. Geh. M. 17.50 2. Heft. 2. Aufl. Mit 188 Fig. [VII u. 233 S.] 1920. Geh. M. 35.—
Lehrbuch der elementaren praktischen Geometrie (Vermessungskunde). Feldmessen u. Nivellieren. Band I d. Lehrbuchs f. Vermessungskunde bes. f. Bauingenieure. Von Dr. *E. v. Hammer*, Prof. an d. Techn. Hochsch. zu Stuttgart. Mit 500 Figuren. [XX u. 766 S.] gr. 8. 1911. M. 55.—, geb. M. 60.—
Feldmessen und Nivellieren. Anleit. f. d. Prüfung u. d. Gebrauch d. Meßgeräte bei einf. Längen- u. Höhenmessen f. Hochbau- u. Tiefbautechniker, bearb. von Prof. *G. Volquardts*, Dir. d. staatl. Baugewerksch. in Magdeburg. 4., verb. u. verm. Aufl. Mit 56 Abb. i. T. [IV u. 31 S.] gr. 8. 1920. Geb. M. 6.—
Das Feldmessen d. Tiefbautechnikers. Reine Flächenaufnahmen, Flächen- u. Höhenaufn. V. Dipl.-Ing. *H. Friedrichs*, weil. Oberlehr. a. d. Baugewerksch. i. Frankfurt. 2. Aufl. bearb. v. Prof. *G. Reinecke*, Oberl. a. d. staatl. Baugewerksch. in Cassel. [U. d. Pr. 21.]
Feldbuch für geodätische Praktika. Nebst Zusammenstellung der wicht. Methoden u. Regeln sowie ausgef. Musterbeisp. Von Dr.-Ing. *O. Israel*, Dresden. Mit 46 Fig. [IV u. 160 S.] 1920. Kart. M. 20.—
Der Hohennersche Präzisionsdistanzmesser u. seine Verbindung mit einem Theodolit. (D. R. P. Nr. 277000.) Einrichtung und Gebrauch des Instrumentes f. d. verschiedene Zwecke d. Tachymetrie; mit Zahlenbeisp. sowie Genauigkeitsversuchen. Von Dr.-Ing. *H. Hohenner*, Prof. an der Techn. Hochsch., Darmstadt. Mit 7 Abb. i. T. u. 1 Taf. [V u. 59 S.] 8. 1919. (Abhandl. u. Vorträge a. d. Gebiete d. Math., Naturw. u. Techn. H. 4.) Geh. M. 8.—
Praktische Astronomie. Geographische Orts- und Zeitbestimmung. Von *V. Theimer*, Adjunkt a. d. Montanist. Hochschule zu Leoben. Mit 62 Fig. [IV u. 127 S.] gr. 8. 1921. (Teubners techn. Leitfäden Bd. 13.) Kart. M. 20.—
Geodäsie. Eine Anleitung zu geodät. Messungen für Anfänger mit Grundzügen der direkten Zeit- und Ortsbestimmung. Von Dr. *H. Hohenner*, Prof. a. d. Techn. Hochschule Darmstadt. Mit 216 Abb. [XII u. 347 S.] gr. 8. 1910. Geb. M. 30.—
Einführung in die Geodäsie. Von Dr. *O. Eggert*, Prof. a. d. Techn. Hochsch. zu Danzig. Mit 237 Fig. [X u. 437 S.] gr. 8. 1907. Geb. M. 40.—
Grundzüge der Geodäsie mit Einschluß der Ausgleichungsrechnung. Von Dr.-Ing. *M. Näbauer*, Prof. a. d. Techn. Hochsch. Karlsruhe i. B. Mit 277 Fig. [XVI u. 420 S.] 8. 1915. (Handb. d. ang. Math. Bd. 3.) Geh. M. 22.50, geb. M. 30.—

Verlag von B. G. Teubner in Leipzig und Berlin

Mathematisch-Physikalische Bibliothek

Gemeinverständliche Darstellungen aus der Mathematik u. Physik. Unter Mitwirkung von Fachgenossen hrsg. von

Dr. W. Lietzmann und **Dr. A. Witting**
Direktor der Oberrealschule zu Göttingen   Oberstudienr., Gymnasialpr. i. Dresden

Fast alle Bändchen enthalten zahlreiche Figuren. kl. 8. Kart. je M. 5.—

Die Sammlung bezweckt, allen denen, die Interesse an den mathematisch-physikalischen Wissenschaften haben, es in angenehmer Form zu ermöglichen, sich über das gemeinhin in den Schulen Gebotene hinaus zu belehren. Die Bändchen geben also teils eine Vertiefung solcher elementarer Probleme, die allgemeinere kulturelle Bedeutung oder besonderes wissenschaftliches Gewicht haben, teils sollen sie Dinge behandeln, die den Leser, ohne zu große Anforderungen an seine Kenntnisse zu stellen, in neue Gebiete der Mathematik und Physik einführen.

Bisher sind erschienen (1912/21)

Der Begriff der Zahl in seiner logischen und historischen Entwicklung. Von H. Wieleitner. 2., durchgeseh. Aufl. (Bd. 2.)

Ziffern und Ziffernsysteme. Von E. Löffler. 2., neubearb. Aufl. I: Die Zahlzeichen der alten Kulturvölker. (Bd. 1.) II: Die Z. im Mittelalter und in der Neuzeit. (Bd. 34.)

Die 7 Rechnungsarten mit allgemeinen Zahlen. Von H. Wieleitner. 2. Aufl. (Bd. 7.)

Einführung in die Infinitesimalrechnung. Von A. Witting. 2. Aufl. I: Die Differential-, II: Die Integralrechnung. (Bd. 9 u. 41.)

Wahrscheinlichkeitsrechnung. V. O. Meißner. 2. Auflage. I: Grundlehren. (Bd. 4.) II: Anwendungen. (Bd. 33.)

Vom periodischen Dezimalbruch zur Zahlentheorie. Von A. Leman. (Bd. 19.)

Der pythagoreische Lehrsatz mit einem Ausblick auf das Fermatsche Problem. Von W. Lietzmann. 2. Aufl. (Bd. 3.)

Darstellende Geometrie d. Geländes u. verw. Anwend. d. Methode d. kotiert. Projektionen. Von R. Rothe. 2., verb. Aufl. (Bd. 35/36.)

Methoden zur Lösung geometrischer Aufgaben. Von B. Kerst. (Bd. 26.)

Einführung in die projektive Geometrie. Von M. Zacharias. (Bd. 6.)

Konstruktionen in begrenzter Ebene. Von P. Zühlke. (Bd. 11.)

Nichteuklidische Geometrie in der Kugelebene. Von W. Dieck. (Bd. 31.)

Einführung in die Trigonometrie. Von A. Witting (Bd. 43)

Einführung I. d. Nomographie. V. P. Luckey. I. Die Funktionsleiter. (28.) II. Die Zeichnung als Rechenmaschine. (37.)

Abgekürzte Rechnung nebst einer Einführ. i. d. Rechnung m. Funktionstaf. insb. i. d. Rechng. mit Logarithmen. Von A. Witting. (Bd. 42.)

Theorie und Praxis des logarithm. Rechenschiebers. Von A. Rohrberg. 2. Aufl. (Bd. 23.)

Die Anfertigung mathemat. Modelle. (Für Schüler mittl. Kl.) Von K. Giebel. (Bd. 16.)

Karte und Kroki. Von H. Wolff. (Bd. 27.)

Die Grundlagen unserer Zeitrechnung. Von A. Baruch. (Bd. 29.)

Die mathemat. Grundlagen d. Variations- u. Vererbungslehre. Von P. Riebesell. (24.)

Mathematik und Malerei. 2 Teile in 1 Bande. Von G. Wolff. (Bd. 20/21.)

Der Goldene Schnitt. Von H. E. Timerding. (Bd. 32.)

Beispiele zur Geschichte der Mathematik. Von A. Witting und M. Gebhard. (Bd. 15.)

Mathematiker-Anekdoten. Von W. Ahrens. 2. Aufl. (Bd. 18.)

Die Quadratur d. Kreises. Von E. Beutel. 2. Aufl. (Bd. 12.)

Wo steckt der Fehler? Von W. Lietzmann und V. Trier. 2. Aufl. (Bd. 10.)

Geheimnisse der Rechenkünstler. Von Ph. Maennchen. 2. Aufl. (Bd. 13.)

Riesen und Zwerge im Zahlenreiche. Von W. Lietzmann. 2. Aufl. (Bd. 25.)

Was ist Geld? Von W. Lietzmann. (Bd. 30.)

Die Fallgesetze. Von H. E. Timerding. 2. Aufl. (Bd. 5.)

Ionentheorie. Von P. Bräuer. (Bd. 38.)

Das Relativitätsprinzip. Leichtfaßlich entwickelt von A. Angersbach. (Bd. 39.)

Dreht sich die Erde? Von W. Brunner. (17.)

Theorie der Planetenbewegung. Von P. Meth. (Bd. 8.)

Beobachtung d. Himmels mit einfach. Instrumenten. Von Fr. Rusch. 2. Aufl. (Bd. 14.)

Mathem. Streifzüge durch die Geschichte der Astronomie. Von P. Kirchberger. (Bd. 40.)

In Vorbereitung: Doehlemann, Mathem. u. Architektur. Schips, Mathem. u. Biologie. Winkelmann, Der Kreisel. Wolff, Feldmessen u. Höhenmessen.

Verlag von B. G. Teubner in Leipzig und Berlin

Preise freibleibend

Aus Natur und Geisteswelt

Sammlung wissenschaftlich-gemeinverständlicher Darstellungen aus allen Gebieten des Wissens

Jeder Band ist einzeln käuflich

Kartoniert und gebunden erhältlich

Verlag B. G. Teubner in Leipzig und Berlin

Verzeichnis der bisher erschienenen Bände innerhalb der Wissenschaften alphabetisch geordnet

I. Religion, Philosophie und Psychologie.

Anthroposophie s. Theosophie.
Ästhetik. Von Prof. Dr. R. Hamann. 2. Aufl. (Bd. 345.)
Astrologie siehe Sternglaube.
Aufgaben u. Ziele d. Menschenlebens. Von Prof. Dr. J. Unold. 5. verb. A. (Bd. 12.)
Bergpredigt, Die. Von Geh. Kirchenrat Prof. D. Dr. H. Weinel. (Bd. 710.)
Bergson, Henri, der Philosoph moderner Relig. Von Pfarrer Dr. E. Ott. (Bd. 480.)
Berkeley siehe Locke, Berkeley, Hume.
Buddha. Leben u. Lehre d. B. V. Prof. Dr. R. Pischel. 3. A., durchges. v. Prof. Dr. H. Lüders. Mit 1 Titelb. und 1 Taf. (Bd. 109.)
Christentum, Das, im Kampf u. Ausgleich m. d. griech.-röm. Welt. Studien u. Charakterist. a. s. Werdezeit. V. Prof. Dr. J. Geffcken. 3. umg. Aufl. (Bd. 54.)
— Christentum und Weltgeschichte seit der Reformation. Von Prof. D. Dr. K. Sell. 2 Bde. (Bd. 297. 298.)
— siehe Jesus, Kirche, Mystik im Christent.
Ethik. Grundzüge d. E. M. bes. Berücksicht. d. päd. Probl. 2. Aufl. v. D. Wentscher. (Bd. 397.)
— s. a. Aufg. u. Ziele, Sexualethik, Sittl. Lebensanschauungen, Willensfreiheit.
Freimaurerei, Die. Eine Einführung in ihre Anschauungen u. ihre Geschichte. Von Geh. Rat Dr. L. Keller. 2. Aufl. von Geh. Archivrat Dr. G. Schuster. (463.)
Glauben und Wissen. Von Privatdoz. Studienrat Lic. W. Bruhn. (Bd. 730.)
Griechische Religion siehe Religion.
Handschriftenbeurteilung, Die. Eine Einführung in die Psychol. d. Handschrift. Von Prof. Dr. G. Schneidemühl. 2., durchges. u. erw. Aufl. Mit 51 Handschriftennachb. i. T. u. 1 Taf. (Bd. 514.)
Heidentum siehe Mystik.
Herbart, Johann Friedrich H.'s Leben und Lehre mit bes. Berücksichtigung seiner Erziehungs- und Bildungslehre. Von Bezirksschulinspektor Dr. Th. Fritzsch. (Bd. 164.)
Hume siehe Locke, Berkeley, Hume.

Hypnotismus und Suggestion. Von Dr. E. Trömner. 3. Aufl. (Bd. 199.)
Jesuiten, Die. Eine histor. Skizze. V. Prof. Dr. H. Boehmer. 4. neub. A. (Bd. 49.)
Jesus. Wahrheit und Dichtung im Leben Jesu. Von Kirchenrat Pfarrer D. Dr. P. Mehlhorn. 3. umg. Aufl. (Bd. 137.)
— Die Gleichnisse Jesu. Zugleich Anleitung z. quellenmäß. Verständnis d. Evangelien. Von Geh. Kirchenrat Prof. D. Dr. H. Weinel. 4. Aufl. (Bd. 46.)
— s. auch Bergpredigt.
Israelitische Religion siehe Religion.
Juden, Geschichte der. J. s. Abt. IV.
Kant, Immanuel. Darstellung und Würdigung. Von Prof. Dr. Dr. A. Messer. 5. Aufl. hrsg. v. Prof. Dr. A. Messer. Mit 1 Bildnis Kants. (Bd. 146.)
Kirche. Geschichte der christlichen Kirche. Von Prof. Dr. H. Frhr. v. Soden: I. Die Entstehung der christlichen Kirche. (Bd. 690.) II. Vom Urchristentum zum Katholizismus. (Bd. 691.)
— siehe auch Staat und Kirche.
Kriminalpsychologie s. Psychologie d. Verbrechers, Handschriftenbeurteilung.
Leben, Vom L. nach dem Tode i. Glauben der Menschheit. Von Prof. D. Dr. C. Clemen. (Bd. 544.)
Lebensanschauungen siehe Sittliche L.
Leib und Seele in ihrem Verhältnis zueinander. Von Dr. phil. et med. R. Sommer. (Bd. 702.)
Locke, Berkeley, Hume. Die großen engl. Philos. Von Studienrat Dr. W. Thormeyer. (Bd. 481.)
Logik. Grundriß d. L. Von Dr. R. F. Grau. 2. durchg. u. veränd. A. (637.)
Luther, Martin L. u. d. deutsche Reformation. Von Prof. Dr. W. Köhler. 2. Aufl. Mit 1 Bildnis Luthers. (Bd. 515.)
— s. auch Von L. zu Bismarck Abt. IV.
Mechanik d. Geisteslebens, Die. B. Geh. Medizinalrat Direktor Prof. Dr. M. Verworn. 4. A. M. 19 Abb. (Bd. 200.)
Mission, Die evangelische. Von Pastor S. Baudert. (Bd. 100.)

Verzeichnis der bisher erschienenen Bände innerhalb der Wissenschaften alphabetisch geordnet

Mystik. M. i. Heidentum u. Christentum. B. Prof. Dr. Edv. Lehmann. 2. Aufl. Übers. v. A. Grundtvig. (Bd. 217.)
— f. auch Okkultismus, Theosophie.
Mythologie, Germanische. Von Prof Dr. J. von Negelein. 3. Aufl. (Bd. 95.)
Naturphilosophie. Von Prof. Dr. J. M. Verweyen. 2. Aufl. (Bd. 491.)
Okkultismus, Spiritismus u. unterbew. Seelenzust. B. Dr. R. Baerwald. (560.)
Palästina und seine Geschichte. Von Prof. Dr. H. Frh. v. Soden. 4. Aufl. Mit 1 Plan von Jerusalem und 3 Ansichten des Heiligen Landes. (Bd. 6.)
— P. u. s. Kultur in 5 Jahrtausenden. Nach d. neuest. Ausgrabgn. u. Forschgn. dargest. von Prof. Dr. P. Thomsen. 2., neubearb. Aufl. M. 37 Abb. (260.)
Paulus, Der Apostel, u. sein Werk. Von Prof. Dr. E. Vischer. 2. A. (Bd. 309.)
Philosophie, Die. Einführ. i. d. Wissensch., ihr Wes. u. ihre Probleme. Von Realghmnasialdir. H. Richert. 3. A. (186.)
— Einführung in die Ph. Von Prof. Dr. R. Richter. 5. Aufl. von Priv.-Doz. Dr. M. Brahn. (Bd. 155.)
— Geschichte der Philosophie in 7 Bden. I. Antike Philosophie bis Aristoteles. Von Studienrat Dr. E. Hoffmann. II. 1. Antike Phil. bis Poseidonios. Von Studr. Dr. E. Hoffmann. 2. Hellenistisch-christliche Phil. Von Privatdoz. Dr. M. Heidegger. III. Mittelalter u. Renaissance bis zur mod. Naturwiss. B. Privatdoz. Dr. M. Heidegger. IV. Von Descartes bis Leibniz. Von Prof. Dr. Kroner. V. Englischer Empirismus. Aufklärung. Kant. Von Privatdoz. Dr. E. March. VI/VII. Die Philosophie von Kant an. Von Prof. Dr. J. Cohn. (Bd. 741/47.)
— Führende Denker. Geschichtl. Einleit. in die Philosophie. Von Prof. Dr. J. Cohn. 4. Aufl. Mit 6 Bildn. (176.)
— Die Phil. d. Gegenw. in Deutschland. B. Prof. D. Külpe. 7. verb. A. (41.)
— s. auch Religion: Religionsphilos.
Poetik. Von Dr. R. Müller-Freienfels. 2. überarb. u. erw. Aufl. (Bd. 460.)
Psychologie, Einführ. i. d. R. B. Prof. E. Aster. 2. Afl. M. 4 Abb. (492.)
— Psychologie d. Kindes. B. Prof. Dr. R. Gaupp. 4. Aufl. M. 17 Abb. (213./214.)
— Psychologie d. Verbrechers. (Kriminalpsychol.) B. Strafanstaltsdir. Dr. med. P. Pollitz. 2. Aufl. M. 5 Diagr. (Bd. 248.)
— Einführung in die experiment. Psychologie. Von Prof. Dr. N. Braunshausen. 2. Afl. M. 17 Abb. u. T. (484.)
— Angewandte Psych. Method. u. Ergebn. B. Dr. phil. und E. Stern. (Bd. 771.)
— Die krankhaften Erscheinungen des Seelenlebens. Allg. Psychopathologie. Von Dr. phil et med E. Stern. (764.)
— s. auch Handschriftenbeurteilg., Hypnotismus u. Sugg., Mechanik d. Geistesleb., Poetik, Seele d. Menschen, Veranlag. u. Vererb., Willensfreiheit; Pädag. Abt. II.

Reformation siehe Luther.
Religion. Einführung i. d. vergl. R.-Geschichte. Von Prof. D. Dr. A. Beth. (Bd. 658.)
— Die nichtchristlichen Kulturreligionen in ihrem gegenw. Zustand. Von Prof. D. Dr. C. Clemen. 2 Bde. I. Die japanischen und chinesischen Nationalreligionen. Der Jainismus und Buddhismus. II. Der Hinduismus, Parsismus und Islam. (Bd. 533/34.)
— Die Religion der Griechen. Von Prof. Dr. E. Samter. Mit Bilderanhang. (Bd. 457.)
— Die Grundzüge der israelitischen Religionsgesch. B. Prof. D. Fr. Giesebrecht. 3. Aufl. B. Geh. Konsistorialrat Prof. D. A. Bertholet. (Bd. 52.)
— Religion u. Naturwissensch. in Kampf u. Fried. E. geschichtl. Rückbl. B. Pfarr. Dr. A. Pfannkuche. 2. A. (Bd. 141.)
— s. auch Bergson, Buddha, Christentum. Leben nach dem Tode, Luther.
— Religionsphilosophie, Einführung in die R. Von Konsistorialr. Lic. Dr. P. Kalweit. 2. Aufl. (Bd. 225.)
Religiöse Erziehung siehe Abt. II.
Rousseau. Von Prof. Dr. P. Hensel. 3. Aufl. Mit 1 Bildnis. (Bd. 180.)
Schopenhauer. Seine Persönlichk., s. Lehre, s. Bedeutung. B. Realgymnasialdir. H. Richert. 4. Aufl. Mit dem Bildn. Schopenhauers. (Bd. 81.)
Seele des Menschen, Die. Von Geh. Rat Prof. Dr. J. Rehmke. 5. Aufl. (Bd. 36.)
Sexualethik. Von Prof. Dr. H. E. Timerding. (Bd. 592.)
Sinne d. Menschen, D. Sinnesorgane und Sinnesempfind. B. Hofr. Prof. Dr. J. K. Kreibig. 3. vrb. A. M. 30 Abb. (27.)
Sittl. Lebensanschauungen d. Gegenwart. B. Geh. Kirchenr. Prof. D. O. Kirn. 3. A. B. Prof. D. Dr. O. Stephan. (177.)
— s. a. Ethik, Sexualethik.
Spiritismus siehe Okkultismus.
Staat und Kirche in ihrem gegenseitigen Verhältnis seit der Reformation. Von Pfarr. Dr. A. Pfannkuche. (Bd. 485.)
Sterglaube und Sterndeutung. Die Geschichte u. d. Wes. d. Astrologie. Unt. Mitw. v. Geh. Rat Prof. Dr. R. Bezold dargest. v. Geh. Hofr. Prof. Dr. Fr. Boll. 2. Aufl. M. 1 Stern. u. 20 Abb. (Bd. 638.)
Suggestion s. Hypnotismus.
Testament, Das Alte. Seine Gesch. u. Bedeutg. B. Prof. Dr. P. Thomsen. (669.)
— Neues. Der Text d. N. T. nach s. geschichtl. Entwickl. Von Prof. Lic. A. Pott. 2. Aufl. M. 8 Taf. (Bd. 134.)
Theologie. Einführung in die Theologie. Von Pastor M. Cornils. (Bd. 347.)
Theosophie u. **Anthroposophie.** B. Privatdoz. Studienr. Lic. P. Bruhn. (75.)
Urchristentum siehe Christentum.
Veranlag. u. Vererbg., Geistige. B. Dr. phil. et med. E. Sommer. 2. Aufl. (512.)
Weltanschauung, Griechische. Von Prof. Dr. M. Wundt. 2. Aufl. (Bd. 329.)

Religion u. Philosophie, Pädagogik u. Bildungswesen, Sprache, Literatur, Bildende Kunst u. Musik

Weltanschauungen, D., d. groß. Philosophen der Neuzeit. Von Prof. Dr. L. Busse. 6. Aufl., hrsg. v. Geh. Hofrat Prof. Dr. R. Falckenberg. (Bd. 56.)
Weltentstehung. Entsteh. d. W. u. d. Erde nach Sage u. Wissenschaft. Von Prof. Dr. M. B. Weinstein. 3. Aufl. (Bd. 223.)
Weltuntergang in Sage und Wissenschaft. Von Prof. Dr. S. Oppenheim und Prof. Dr. R. Ziegler. (Bd. 720.)
Willensfreiheit. Das Problem der W. Von Prof. Dr. G. F. Lipps. 2. Aufl. (Bd. 383.)
— f. auch Ethik, Mechanik d. Geisteslebens, Psychologie.

II. Pädagogik und Bildungswesen.

Berufswahl, Begabung u. Arbeitsleistung i. ihren gegenseit. Beziehungen. V. W. F. Ruttmann. 2. A. M. 7 Abb. (Bd. 522.)
Bildungswesen, D. deutsche, i. s. geschichtl. Entwicklung. V. Prof. Dr. Fr. Paulsen. 4. Aufl. M. Bildn. P's. (Bd. 99/100.)
— s. auch Volksbildungswesen.
Erziehung. E. zur Arbeit. Von Prof. Dr. Edv. Lehmann. (Bd. 459.)
— Deutsche E. in Haus u. Schule. Von J. Tews. 3. Aufl. (Bd. 159.)
— f. a. Großstädterz., Relig. Erziehung.
Fortbildungsschulwesen, Das deutsche. Von Geh. Reg.-Rat Prof. Dr. F. Schilling. (Bd. 256.)
Fröbel, Friedrich. Von Dr. Joh. Prüfer. 2. verb. Aufl. M. 2 Abb. (Bd. 82.)
Großstadterziehung. Die Großstadt als Jugenderziehungs- und Jugendbildungsstätte. V. J. Tews. 2. Aufl. (327.)
Herbart, Johann Friedrich H.s Leben und Lehre mit besond. Berücksichtigung seiner Erziehungs- und Bildungslehre. Von Bezirksschulinspektor Dr. Th. Fritzsch. (Bd. 164.)
Hochschulen s. Techn. Hochschulen u. Univ.
Jugendpflege. Von Fortbildungsschullehrer W. Wiemann. (Bd. 434.)
Leibesübungen siehe Abt. V.
Mittelschule s. Volks- u. Mittelschule.
Pädagogik, Allgemeine. Von Prof. Dr. Th. Ziegler. 4. Aufl. (Bd. 33.)
— Experimentelle P. mit bes. Rücksicht auf die Erzieh. durch die Tat. Von Dr. W. A. Lay. 3. verb. A. M. 6 Abb. (Bd. 224.)
— siehe Erziehung, Psychologie. Abt. I.

Pestalozzi. Leben u. Ideen. V. Geh. Reg.-Rat Prof. Dr. P. Natorp. 3. Aufl. (250.)
Religiöse Erziehung in Haus u. Schule. V. Prof. Dr. F. Niebergall. (599.)
Rousseau. Von Prof. Dr. P. Hensel. 3. Aufl. Mit 1 Bildnis. (Bd. 180.)
Schule siehe Fortbildungs-, Techn. Hoch., Volksschule, Universität.
Schulhygiene. Von Reg.-Rat Prof. Dr. L. Burgerstein. 4. Aufl. Mit 24 Abb. (Bd. 96.)
Schulkämpfe d. Gegenw. Von J. Tews. 2. Aufl. (Bd. 111.)
Student, Der Leipziger, von 1409 bis 1909. Von Dr. W. Bruchmüller. Mit 25 Abb. (Bd. 273.)
Studententum, Geschichte des deutschen St. Von Dr. W. Bruchmüller. (Bd. 477.)
Techn. Hochschulen in Nordamerika. Von Geh. Reg.-Rat Prof. Dr. G. Müller. M. zahlr. Abb., Karte u. Lagepl. (190.)
Universitäten. Über U. u. Universitätsstud. V. Prof. Dr. Th. Ziegler. Mit 1 Bildn. Humboldts. (Bd. 411.)
Unterrichtswesen, Das deutsche, der Gegenwart. Von Geh. Studienrat Oberrealschuldir. Dr. K. Knabe. (Bd. 299.)
Volksbildungswesen. V. Stadtbbl.-Prof. Dr. G. Fritz. 2. Aufl. M. 12 Abb. (Bd. 266.)
Volks- und Mittelschule. Die preußische, Entwicklung und Ziele. Von Gh. Reg.- u. Schulrat Dr. A. Sachse. (Bd. 432.)
Zeichenkunst. Der Weg z. Z. Ein Büchl. s. theor. u. prkt. Selbstbild. V. M. Reber. 3. A. M. 84 Abb. u. 1 Farbt. (430.)

III. Sprache, Literatur, Bildende Kunst und Musik.

Altnordische Literaturgesch. s. Literatur.
Architektur siehe Baukunst und Renaissancearchitektur.
Ästhetik. Von Prof. Dr. R. Hamann. 2. Aufl. (Bd. 345.)
Baukunst. Deutsche B. Von Geh. Reg.-Rat Prof. Dr. A. Matthaei. 4 Bd. I. Deutsche Baukunst im Mittelalter. B. b. Anf. b. z. Ausgang d. roman. Baukunst. 4. Aufl. Mit 35 Abb. (Bd. 8.) II. Gotik u. „Spätgotik". 4. Aufl. Mit 67 Abb. (Bd. 9.) III. Deutsche Baukunst in d. Renaissance u. d. Barockzeit b. z. Ausg. d. 18. Jahrh. 2. Afl. Mit 63 Abb. .i Text. (Bd. 326.) IV. Deutsche B. im 19. Jahrh. u. i. b. Gegenw. 2. Aft. M. 40 Abb. (781.)
— siehe auch Renaissancearchitektur.
Beethoven siehe Haydn.
Bildende Kunst. Bau und Leben der b. K. Von Dir. Prof. Dr. Th. Volbehr. 2. Aufl. Mit 44 Abb. (Bd. 68.)

Bildende Kunst s. a. Baut., Griech. K., Impression., Kunst, Maler, Malerei, Stile.
Björnson siehe Ibsen.
Buch. Wie ein Buch entsteht siehe Abt. VI.
— s. auch Schrift- u. Buchwesen Abt. IV.
Dekorative Kunst d. Altertums. B. Dr. Fr. Poulsen. M. 112 Abb. (Bd. 454.)
Denkmalpflege siehe Abt. IV.
Drama, Das. Von Dr. B. Busse. Mit Abb. 3 Bde. I: B. d. Antike i. franz. Klassizismus. 2. A., neub. v. Studienr. Dr. J. R. Niedlich, Prof. Dr. M. Immelmann u. Prof. Dr. Glaser. M. 3 Abb. II: Von Voltaire zu Lessing. 2. Aufl. Von Dir. Dr. Ludwig u. Prof. Dr. Glaser. III: Bd. Romant. z. Gegenw. (287/289.)
Drama. D. dtsche. D. d. 19. Jahrh. In s. Entwickl. dgest. v. Prof. Dr. G. Witkowski. 4. Aufl. M. Bildn. Hebbels. (Bd. 51.)

Verzeichnis der bisher erschienenen Bände innerhalb der Wissenschaften alphabetisch geordnet

Drama s. a. Goethe, Grillparzer, Hauptmann, Hebbel, Ibsen, Lessing, Literatur, Schiller, Shakespeare, Theater.
Dürer, Albrecht. V. Prof. Dr. R. Wustmann. 2. Aff., neubearb. u. ergänzt b. Geh. Reg.-Rat Prof. Dr. A. Matthaei. Mit Titelb. u. 31 Abb. (Bd. 97.)
Französischer Roman siehe Roman.
Frauendichtung. Gesch. d. dt. F. s. 1800. V. Dr. H. Spiero. M. 3 Bildn. (390.)
Fremdwortkunde. Von Dr. E. Richter.
Gartenkunst siehe Abt. IV. [(Bd. 570.)
Goethe. Von Prof. Dr. M. J. Wolff. (Bd. 497.)
Griech. Komödie, D. V. Geh. Hofr. Prof. Dr. A. Körte. M. Titelb. u. 2 Taf. (400.)
Griechische Kunst. Die Blütezeit der g. K. im Spiegel der Relieffarkophage. Eine Einf. i. d. griech. Plastik. V. Prof. Dr. H. Wachtler. 2. A. M. zahlr. Abb. (272.)
— siehe auch Dekorative Kunst.
Griechische Lyrik. Von Geh. Hofrat Prof. Dr. E. Bethe. (Bd. 736.)
Griech. Tragödie, Die. V. Prof. Dr. J. Geffcken. M.5Abb.i.T.u.a.1Taf. (566.)
Grillparzer, Franz. Von Prof. Dr. A. Kleinberg. M. Bildn. (Bd. 513.)
Harmonielehre. Von Dr. H. Scholz (Bd. 703/04.)
Harmonium s. Tasteninstrum.
Hauptmann, Gerhart. V.Prof.Dr. E. Sulger-Gebing. M. 1 Bildn. 2. Aufl. (Bd. 283.)
Haydn, Mozart, Beethoven. Von Prof. Dr. C. Krebs. 3. Aufl. Mit 4 Bildn. auf Tafeln. (Bd. 92.)
Hebbel, Friedrich, u. s. Dramen. V. Geh. Hofr. Prof. Dr. O. Walzel. 2.Aufl. (408.)
Heimatpflege siehe Abt. IV.
Heldensage, Die germanische. Von Dr. J. W. Bruinier. (Bd. 486.)
Homerische Dichtung, Die. Von Rektor Dr. G. Finsler. (Bd. 496.)
Ibsen u. Björnson. Von Prof. Dr. G. Nedel. (Bd. 635.)
Impressionismus. Die Maler des J. Von Prof. Dr. B. Lázár. 2. A. M. 32 Abb. auf 16 Tafeln. (Bd. 395.)
Klavier siehe Tasteninstrumente.
Komödie siehe Griech. Komödie.
Kunst. Das Wesen der deutschen bildenden K. Von Geh. Rat Prof. Dr. H. Thode. (Bd. 585.)
— s. a. Baut., Bildh., Dekor., Griech. K.; Pompeji, Stile; Gartenk. Abt. IV.
Lessing. Von Prof. Dr. Ch. Schrempf. Mit einem Bildnis. (Bd. 403.)
Literatur. Entwickl. der deutsch. L. seit Goethes Tod.V.Dr. W. Brecht. (595.)
— Geschichte der niederdeutschen L. v. d. ältest. Zeiten bis z. Gegenw. Von Prof. Dr. W. Stammler. (Bd. 815.)
— Altnordische Literatur-Geschichte. Von Prof. Dr. G. Nedel. (Bd. 782.)
— Einführung i. d. Verständnis literarischer Kunstwerke. Von Prof. Dr. B. Merker. (Bd. 711.)

Lyrik. Geschichte d. deutsch. L. s. Claudius. V. Dr. H. Spiero. 2. Aufl. (Bd. 254.)
— s. auch Frauendichtung, Griechische Lyrik, Literatur, Minnesang, Volkslied.
Maler, Die altdeutschen, in Süddeutschland. Von H. Nemitz. Mit 1 Abb. i. Text und Bilderanhang. (Bd. 464.)
— s. Dürer, Michelangelo, Impression. Rembrandt.
Malerei, D. deutsche i. 19. Jahrh. V. Prof. Dr. R. Hamann. 2 Bde. (448—449.)
— Niederl. M. im 17. Jahrh. V. Prof. Dr. H. Jantzen. M. 37 Abb. (373.)
Märchen s. Volksmärchen.
Michelangelo. Eine Einführung in das Verständnis seiner Werke. V. Prof. Dr. E. Hildebrandt. Mit 44 Abb. (392.)
Minnesang. D. Liebe i. Liebe b. dtsch. Mittelalt. V. Dr. J. W. Bruinier. (404.)
Mozart siehe Haydn.
Musik. Die Grundlagen d. Tonkunst. Versuch einer entwicklungsgesch. Darstell. b. allg. Musiklehre. Von Prof. Dr. H. Rietsch. 2. Aufl. (Bd. 178.)
— Musikalische Kompositionsformen. B. E. G. Kallenberg. Band I: Die elementar. Tonverbindungen als Grundlage d. Harmonielehre. Bd. II: Kontrapunktif u. Formenlehre. (Bd. 412. 413.)
— Geschichte der Musik. Von Dr. A. Einstein. 2. Aufl. (Bd. 438.)
— Beispielsammlung zur älteren Musikgeschichte. B Dr. A. Einstein. (439.)
— Musikal. Romantik. Die Blütezeit d. m. R. in Deutschland. Von Dr. E. Istel. 2. verb. Aufl. (Bd. 239.)
— s. auch Harmonielehre, Haydn, Oper, Orchester, Tasteninstrumente, Wagner.
Mythologie, Germanische. Von Prof. Dr. J. v. Negelein. 3. Aufl. (Bd. 95.)
— siehe auch Volkssage, Deutsche.
Nibelungenlied, Das. Von Prof. Dr. J. Körner. (Bd. 591.)
Niederdeutsche Literatur s. Literatur.
Niederländ. Malerei s.Malerei,Rembrandt.
Novelle siehe Roman.
Oper, Die moderne. Vom Tode Wagners bis zum Weltkrieg (1883—1914). Von Dr. E. Istel. Mit 3 Bildn. (Bd. 495.)
— siehe auch Haydn, Wagner.
Orchester. Das moderne Orchester. Von Prof. Dr. Fr. Volbach. I. Die Instrumente d. O. (Bd. 714.) II. Das mod. O. i. t. Entwickl. 2.Aufl. M. Titelb.u. 2 Taf. (715.)
Orgel siehe Tasteninstrumente.
Personennamen, D. deutsch. V. Geh. Studienrat A Bähnisch. 3. A. (Bd. 296.)
Perspektive, Grundzüge d. P. nebst Anwend. V. Prof. Dr. K. Doehlemann. 2.verb. Aufl. Mit 91 Fig. u. 11 Abb. (510.)
Phonetik. Einführ. i. d. Ph. Wie wir sprechen. V. Dr. E. Richter. M. 20 A. (654.)
Photographie, D. künstler. Ihre Entwidlg. ihre Probl., ihre Bedeutung. V. Studienrat Dr. W. Warstat. 2. verb. Aufl. Mit Bilderanhang. (Bd. 410.)
— s. auch Photographie Abt. VI.

4

Sprache, Literatur, Bildende Kunst und Musik — Geschichte, Kulturgeschichte und Geographie

Plastik s. Griech. Kunst, Michelangelo.
Poetik. Von Dr. R. Müller-Freienfels. 2. Aufl. (Bd. 460.)
Pompeji. Eine hellenist. Stadt in Italien. Von Geh. Hofrat Prof. Dr. Fr. v. Duhn. 3. Aufl. M. 62 Abb. i. T. u. auf 1 Taf., sowie 1 Plan. (Bd. 114.)
Projektionslehre. In kurzer leichtfaßlicher Darstellung f. Selbstunterr. und Schulgebrauch. V. akad. Zeichenl. A. Schubeisky. Mit 208 Abb. (Bd. 564.)
Rembrandt. Von Prof. Dr V. Schubring. 2. Aufl. Mit 48 Abb. auf 28 Taf. i. Anh. (Bd. 158.)
Renaissance siehe Abt. IV.
Renaissancearchitektur in Italien. Von Prof. Dr. P. Frankl. I. Bd. M. 12 Taf. u. 27 Textabb. (Bd. 381.)
Rhetorik. Von Prof. Dr. E. Geißler. 2 Bde. I. Richtlinien für die Kunst des Sprechens. 3. verb. Aufl. II. Deutsche Redekunst. 2. Aufl. (Bd. 455/456.)
Roman. Der französische Roman und die Novelle. Ihre Geschichte b. d. Anf. b. i. Gegenw. Von O. Flake. (Bd. 377.)
Romantik. Deutsche. V. Geh. Hofrat Prof. Dr. O. F. Walzel. 4. Aufl. I. Die Weltanschauung. II. Die Dichtung. (Bd. 232/233.)
— Die Blütezeit der muf. R. in Deutschland. V. Dr. E. Istel. 2. Aufl. (239.)
Sage siehe Heldensage, Mythol., Volkssage.
Schauspieler, Der. Von Prof. Dr. Ferdinand Gregori. (Bd. 692.)
Schiller. Von Prof. Dr. Th. Ziegler. Mit 1 Bildn. 3. Aufl. (Bd. 74.)
Schillers Dramen. Von Direktor E. Heusermann. (Bd. 493.)
Shakespeare. Sh. u. seine Zeit. Von Prof. Dr. R. Imelmann. (Bd. 816.)
— Sh.'s Werke. Von Prof. Dr. R. Imelmann. (Bd. 817.)

Sprache, Die Haupttypen des menschlich. Sprachbaus. Von Prof. Dr. F. N. Finck. 2. Aufl. v. Prof. Dr. E. Kieckers. (268.)
— Die deutsche Sprache v. heute. V. Studienr. Dr. W. Fischer. 2. verb. A. (475.)
— Fremdwortkunde. Von Privatdozentin Dr. Elise Richter. (Bd. 570.)
— siehe auch Phonetik, Rhetorik; ebenso Sprache u. Stimme Abt. V.
Sprachstämme, Die, des Erdkreises. Von Prof. Dr. F. N. Finck. 2. Aufl. (Bd. 267.)
Sprachwissenschaft. Von Prof. Dr. Kr. Sandfeld-Jensen. (Bd. 472.)
Stile, Die Entwicklungsgesch. d. St. in der bild. Kunst. V. Dr. E. Cohn-Wiener. 3. Aufl. I.: V. Altertum b. z. Gotik. M. 69 Abb. II.: V. d. Renaissance b. z. Gegenwart. Mit 42 Abb. (Bd. 317/318.)
Tasteninstrumente. Klavier, Orgel, Harmonium. Das Wesen der Tasteninstrumente. V. Prof. Dr. O. Bie. (Bd. 325.)
Theater, Das, v. Altert. bis zur Gegenw. Von Prof. Dr. Chr. Gaehde. 3. Aufl. 17 Abb. (Bd. 230.)
Tragödie s. Griech. Tragödie.
Urheberrecht siehe Abt. VI.
Volkslied, Das deutsche. Über Wesen und Werden d. deutschen Volksgesanges. Von Dr. J. W. Bruinier. 5. Aufl. (Bd. 7.)
Volksmärchen, Das deutsche V. Von Pfarrer K. Spieß. (Bd. 587.)
Volkssage, Die deutsche. Übersichtl. dargest. v. Dr. O. Böckel. 2. Aufl. (Bd. 262.)
— f. a. Heldens., Nibelungen., Mythologie.
Wagner. Das Kunstwerk Richard W.'s. Von Dr. E. Istel. M. 1 Bildn. 2. Aufl. (330.)
— siehe auch Musikal. Romantik in Oper.
Zeichenkunst. Der Weg z. Z. Ein Büchlein für theoretische und praktische Selbstbildung. Von Dir. Dr. E. Weber. 3. Aufl. Mit 84 Abb. u. 1 Farbtafel. (Bd. 430.)
— f. auch Perspektive, Projektionslehre; Geometr. Zeichn. Abt. V, Techn. Z. Abt. VI.
Zeitungswesen. Von Dr. H. Diez. 2. durchgearb. Aufl. (Bd. 328.)

IV. Geschichte, Kulturgeschichte und Geographie.

Alpen, Die. Von H. O. Reishauer. 2., neub. Aufl. von Prof. Dr. H. Slanar. Mit Abb. und Karten. (Bd. 276.)
Altertum, Das, im Leben der Gegenwart. V. Prov.-Schul- u. Geh. Reg.-Rat Prof. Dr. P. Cauer. 2. Aufl. (Bd. 356.)
— D. Altertum, seine staatliche u. geistige Entwicklung und deren Nachwirkungen. V. Studienrat H. Preller. (Bd. 642.)
Amerika. Gesch. d. Verein. Staaten v. A. V. Prof. Dr. E. Daenell. 2. A. (Bd. 147.)
— Südamerika. V. Regier.- u. Ökonomier. Prof. Dr. E. Wagemann. (718.)
Amerikaner, Die. V. N. M. Butler. Dtsch. v. Prof. Dr. W. Paszkowski. (319.)
Antike. Deutschland u. A. in ihrer Verknüpfung. Ein Überblick von Oberstudienrat Konrektor Prof. Dr. E. Stemplinger und Konrektor Prof. Dr. H. Lamer. Mit 1 Taf. (Bd. 689.)

Antike A. Wirtschaftsgeschichte. Von Dr. O. Neurath. 2. Aufl. (Bd. 258.)
— Antikes Leben nach den ägyptischen Papyri. V. Geh. Hofrat Prof. Dr. Fr. Preisigke. Mit 1 Tafel. (Bd. 565.)
Arbeiterbewegung s. Soziale Bewegungen.
Australien und Neuseeland. Land, Leute und Wirtschaft. Von Prof. Dr. R. Schachner. Mit 23 Abb. (Bd. 366.)
Baltische Provinzen. V. Dr. B. Tornius. 3. Aufl. M. 8 Abb. u. 2 Kartensk. (Bd. 542.)
Bauernhaus. Kulturgeschichte des deutschen B. Von Baudir. Dr.-Ing. Chr. Rand. 3. Aufl. Mit 73 Abb. (Bd. 121.)
Bauernstand, Gesch. d. dtsch. B. B. Prof. Dr. H. Gerdes. 2., verb. Aufl. Mit 22 Abb. i. Text (Bd. 320.)
Belgien. Von Dr. P. Oßwald. 3. Aufl. Mit 4 Karten i. T. (Bd. 501.)

Bismarck u. f. Zeit. Von Archivrat Prof. Dr. V. Valentin. Mit Titelb. 4. Aufl. (Bd. 500.)
— **Von Luther zu Bismarck.** 12 Charakterbilder aus deutscher Geschichte. Von Prof. Dr. O. Weber. 2. Aufl. (Bd. 123/124.)
Böhmen. Zur Einführung in die böhmische Frage. Von Prof. Dr. R. F. Kaindl. Mit 1 Karte. (Bd. 701.)
Brandenburg.-preuß. Gesch. V. Archivar Dr. Fr. Israel. I. Von d. ersten Anfängen b. z. Tode König Fr. Wilhelms I. 1740. II. B. d. Regierungsantritt Friedrichs. d. Gr. b. z. Gegenw. (440/441.)
Bürger i. Mittelalt. f. Städte u. B. i. M.
Christentum u. Weltgeschichte seit der Reformation. Von Prof. D. Dr. K. Sell 2 Bde. (Bd. 297/298.)
Denkmalpflege f. Heimatpflege.
Deutschtum im Ausland, Das, vor dem Weltkriege. Von Prof. Dr. R. Hoeniger. 2. Aufl. (Bd. 402.)
— **u. Antike i. ihr. Verknüpfg. Ein überblick** v. Oberstudienr. Konrekt. Prof. Dr. E. Stemplinger u. Oberstudienr. Konrekt. Prof. Dr. H. Lamer. M. 1 T. (689.)
Dorf, Das deutsche. V. Prof. K. Mielke. 3. Aufl. M. 51 Abb. (Bd. 192.)
Eiszeit, Die, u. d. vorgeschichtl. Mensch. V. Geh. Bergrat Prof. Dr. G. Steinmann. 2. Aufl. M. 24 Abb. (302.)
Englands Weltmacht in ihrer Entwickl. seit d. 17. Jahrh. b. a. u. Tage. V. Dir. Prof. Dr. W. Langenbeck. 3. Aufl. (Bd. 174.)
Entdeckungen, Das Zeitalter der G. Von Geh. Hofrat Prof. Dr. S. Günther. 4. Aufl. Mit 1 Weltkarte. (Bd. 26.)
Erde siehe Mensch u. E.
Erdkunde, Allgemeine. 8 Bde. Mit Abb. I. Die Erde, ihre Beweg. u. ihre Eigenschaften (math. Geogr. u. Geonomie). Von Admiralitätsr.Prof.Dr. C. Kohlschütter. (Bd. 625.) II. Die Atmosphäre der Erde (Klimatologie, Meteorologie). Von Prof. Dr. O. Baschin. (Bd. 626.) III. Geomorphologie. V. Prof. Dr. F. Machatschek. M. 33 Abb. (Bd. 627.) IV. Physiogeographie d. Süßwassers. V. Prof. Dr. F. Machatschek. M. 24 Abb. (Bd. 628.) V. Die Meere. Von Prof. Dr. A. Merz. (Bd. 629.) VI. Die Verbreitung der Pflanzen. Von Dr. Brockmann-Jerosch. (Bd. 630.) VII. Die Verbreitg. d. Tiere. V. Dr. Knopfli. (Bd. 631.) VIII. Die Verbreitg. d. Menschen auf d. Erdoberfläche (Anthropogeographie). V. Prof. Dr. N. Krebs. M. 12 Abb. (632.)
— siehe auch Geographie.
Europa. Vorgeschichte E.'s. Von Prof. Dr. H. Schmidt. (Bd. 571/572.)
Europäische Geschichte im Zeitalter Karls V., Philipps II. u. d. Elisabeth. Von Prof. Dr. G. Mentz. (Bd. 528.)
— — **im Zeitalter Ludwigs XIV. und d. Großen Kurfürsten.** Von Prof. Dr. W. Platzhoff. (Bd. 530.)

Familienforschung. Von Dr. E. Devrient. 2. Aufl. M. 6 Abb. i. T. (850.)
Feldherren, Große. Von Major F. C. Endres. I. Vom Altertum b. z. Tode Gustav Adolfs. Mit 1 Titelb., 12 Karten u. 1 Schema. II. B. Turenne b. Hindenburg. M. 1 Titelb. u. 14 K. (687/688.)
Feste, Deutsche, u. Volksbräuche. V. Prof. Dr. E. Fehrle. 2. Aufl. M. 29 Abb. (Bd. 518.)
Finnland. Von Gesandtschaftsrat J. Öhquist. (Bd. 700.)
Frauenbewegung, Die deutsche. Von Dr. Marie Bernays. (Bd. 761.)
Frauenleben. Deutsch. i. Wandel d. Jahrhunderte. V. Geh. Schulrat Dir. Dr. Ed. Otto. 3. Aufl. 12 Abb. -i. T. (Bd. 45.)
Friedrich d. Gr. 6 Vortr. V. Prof. Dr. Th. Bitterauf. 2. Aufl. M. 2 Bildn. (246.)
Gartenkunst. Gesch. d. G. V. Baudir. Dr.-Ing. Chr. Ranck. M. 41 Abb. (274.)
Geographie der Vorwelt (Paläogeographie). Von Prof. Dr. E. Dacqué. Mit 18 Fig. i. Text. (Bd. 619.)
Geologie siehe Abt. V.
German. Heldensage f. Heldensage.
Germanische Kultur in der Urzeit. Von Bibliotheksdir. Prof. Dr. G. Steinhausen. 3. Aufl. Mit 13 Abb. (Bd. 75.)
Geschichte. Deutsche G. Von Prof. O. Weber. (Bd. 825.)
— **Deutsche G. des Mittelalters.** V. Studr. Dr. G. Bonwetsch. (Bd. 517.)
— **Deutsche G. im 19. Jahrh. b. zur Reichseinheit.** V. Prof. Dr. M. Schwemer. 3 Bde. I.: Von 1800–1848. Restauration und Revolution. 3. Aufl. (Bd. 37.) II.: Von 1848–1862. Die Reaktion und die neue Ära. 2. Aufl. (Bd. 101.) III.: Von 1862–1871. B. Bund z. Reich. 3. Aufl. (Bd. 820.)
Gesellsch. u. Gesellsk. in Vergangenh. u. Gegenw. Von S. Trautwein. (706.)
Griechentum. Das G. in seiner geschichtlichen Entwicklung. V. Hofrat Prof. Dr. R. v. Scala. Mit 46 Abb. (Bd. 471.)
Griechische Städte. Kulturbilder aus gr. St. I. Von Prof. Dr. E. Ziebarth. 3. umg. Aufl. Mit 21 Abb. i. T. u. a. 16 Taf. (Bd. 131.)
Handel. Geschichte d. Welthandels. Von Realgymnasial-Dir. Prof. Dr. M. G. Schmidt. 3. Aufl. (Bd. 118.)
— **Gesch. d. dtsch. Handels f. d. Ausgang d. Mittelalters.** V. Dir. Prof. Dr. W. Langenbeck. 2. Afl. M. 16 Tab. (287.)
Handwerk, Das deutsche, in seiner kulturgeschichtl. Entwickl. Von Geh. Schulrat Dir. Dr. Otto. 5. Aufl. Mit 23 Abb. u. 8 Taf. (Bd. 14.)
— siehe auch **Dekorative Kunst** Abt. III.
Heimatpflege. (Denkmalpflege u. Heimatschutz.) Ihre Aufgaben, Organisation und Gesetzgebung. Von Dr. H. Bartmann. (Bd. 756.)
Heldensage, Die germanische. Von Dr. J. W. Bruinier. (Bd. 486.)

Geschichte, Kulturgeschichte und Geographie

Japan. V. Prof. Dr. K. Haushofer. (822.)
Jena. Von J. b. z. Wiener Kongreß. Von Prof. Dr. G. Roloff. (Bd. 465.)
Jesuiten. Die. Eine hist. Skizze. Von Prof. Dr. H. Boehmer. 4. Aufl. (Bd. 49.)
Indien. Von Prof. Dr. Sten Konow. (Bd. 614.)
Island, d. Land u. d. Volk. V. Prof. Dr. P. Herrmann. M. 9 Abb. (Bd. 461.)
Juden. Geschichte d. J. seit d. Unterg. d. jüd. Staates. Von Prof. Dr. J. Elbogen. (Bd. 748.)
Kartenkunde. Vermessungs- u. K. 6 Bde. Mit Abb. I. Geogr. Ortsbestimmung. Von Prof. Schnauder. (Bd. 606.) II. Erdmessung. Von Prof. Dr. O. Eggert. (Bd. 607.) III. Landmess. V. Geh. Finanzrat F. Sudow. Mit 69 Zeichn. (Bd. 608.) IV. Ausgleichungsrechnung n. d. Methode d. kleinst. Quadrate. V. Geh. Reg.-Rat Prof. Dr. E. Hegemann. M. 11 Fig. i. Text. (Bd. 609.) V. Photogrammetrie. (Einfache Stereo- u. Luftphotogrammetrie). V. Diplom-Ing. H. Lüscher. Mit 78 Fig. i. Text u. a. 2 Tafeln. (Bd. 612.) VI. Kartenkunde. V. Finanzr. Dr.-Ing. A. Egerer. 1. Einführ. i. d. Kartenverständnis. Mit 49 Abbildungen im Text. 2. Kartenherstellung (Landesaufn.). (Bd. 610/611.)
Kirche s. Staat u. K.; Kirche Abt. I.
Krieg. Kulturgeschichte d. K. Von Prof. Dr. K. Weule, Geh. Hofrat Prof. Dr. E. Bethe, Prof. Dr. B. Schmeidler, Prof. Dr. A. Doren, Prof. Dr. P. Herre. (Bd. 561.)
— s. auch Feldherren.
Kriegsschiffe. Unsere. Ihre Entstehung u. Verwendung. V. Geh. Mar.-Baur. a. D. E. Krieger. 2. Aufl. v. Geh. Mar.-Baur. Fr. Schürer. M. 62 Abb. (389.)
Luther, Martin L. u. d. dtsche. Reformation. Von Prof. Dr. W. Köhler. 2., verb. Aufl. M. 1. Bildn. Luthers. (Bd. 515.)
Von Luther zu Bismarck. 12 Charakterbilder aus deutscher Geschichte. Von Prof. Dr. O. Weber. 2. Aufl. (123/124.)
Marx, Karl. Versuch einer Würdigung. V. Prof. Dr. R. Wilbrandt. 4. A. (621.)
Mensch u. Erde. Skizzen v. den Wechselbeziehungen zwischen beiden. Von Geh. Rat Prof. Dr. A. Kirchhoff. 4. Aufl.
— s. a. Eiszeit; Mensch Abt. V. (Bd. 31.)
Mittelalter. Mittelalterl. Kulturideale. V. Prof. Dr. B. Vedel. I.: Heldenleben. II: Ritterromantik. (Bd. 292, 293.)
— s. auch Geschichte, Osten, Städte und Bürger i. M.
Moltke. Von Major F. C. Endres. Mit 1 Bildn. (Bd. 415.)
Münze. Grundriß d. Münzkunde. 2. Aufl. L. Die Münzen nach Wesen, Gebrauch u. Bedeutg. V. Hofrat Dr. A. Luschin v. Ebengreuth. M. 56 Abb. II. Die Münze in ihrer geschichtl. Entwicklung v. Altertum b. z. Gegenw. Von Prof. Dr. H. Buchenau. (Bd. 91, 657.)
Mythologie f. Abt. I.

Napoleon I. Von Prof. Dr. Th. Bitterauf. 3. Aufl. Mit 1 Bildn. (Bd. 195.)
Nationalbewußtsein siehe Volk.
Natur u. Mensch. V. Dir. Prof. Dr. M. G. Schmidt. M. 19 Abb. (Bd. 458.)
Naturvölker. Die geistige Kultur der N. V. Prof. Dr. K. Th. Preuß. M. 9 Abb.
— s. a. Völkerkunde, allg. (Bd. 452.)
Neugriechenland. Von Prof. Dr. A. Heisenberg. (Bd. 613.)
Neuseeland s. Australien.
Orient s. Indien, Palästina, Türkei.
Osten. Der Zug nach dem O. Die kolonisatorische Großtat d. deutsch. Volkes i. Mittelalter. V. Geh. Hofrat Prof. Dr. K. Hampe. (Bd. 731.)
Österreich. O.'s innere Geschichte von 1848 bis 1895. V. R. Charmatz. 3., veränd. Aufl. I. Die Vorherrschaft der Deutschen. II. Der Kampf der Nationen. (651/652.)
— Geschichte der auswärtigen Politik O.'s im 19. Jahrhundert. V. R. Charmatz. 2., veränd. Aufl. I. Bis zum Sturze Metternichs. II. 1848—1895. (653/654.)
— Österreichs innere u. äußere Politik von 1895—1914. V. R. Charmatz. (655.)
Ostmark f. Abt. VI.
Ostseegebiet, Das. V. Prof. Dr. G. Braun. M. 21 Abb. u. 1 mehrf. Karte. (Bd. 367.)
— s. auch Baltische Provinzen, Finnland.
Palästina u. s. Geschichte. V. Prof. Dr. H. Frh. v. Soden. 4. Aufl. M. 1 Plan v. Jerusalem u. 3 Ans. d. Heil. Landes. (6.)
— P. u. s. Kultur i. 5 Jahrtaus. Nach b. n. Ausgrab. u. Forsch. dargest. v. Prof. Dr. P. Thomsen. 2. A. M. 37 Abb. (260.)
Papyri f. Antikes Leben.
Polarforschung. Geschichte der Entdeckungsreisen zum Nord- u. Südpol v. d. ältest. Zeiten bis zur Gegenw. V. Prof. Dr. K. Hassert. 3. Aufl. M. 6 Kart. (Bd. 38.)
Polen. M. ein. geschichtl. Überblick üb. d. polnisch-ruthen. Frage. V. Prof. Dr. M. J. Kaindl. 2., verb. Aufl. M. 6 Kart. (547.)
Politik. Umriß d. Weltpol. V. Prof. Dr. J. Hashagen. 3. Bde. I: 1871—1907. 2. A. II: 1908—1914. 2. A. (Bd. 553/54.)
— Politische Hauptströmungen in Europa im 19. Jahrhundert. Von Prof. Dr. K. Th. v. Heigel. 4. Aufl. Von Prof. Fr. Endres. (Bd. 129.)
— Politische Geographie. Von Prof. Dr. W. Vogel. (Bd. 634.)
Pompeji, eine hellenist. Stadt in Italien. V. Geh. Hofrat Prof. Dr. Fr. v. Duhn. 3. Afl. M. 62 Abb. sowie 1 Plan. (114.)
Preußische Geschichte f. Brandenb.-pr. G.
Reaktion und neue Ära f. Gesch. deutsche.
Reformation f. Luther.
Reichsverfassung. Die neue R. Von Priv.-Doz. Dr. O. Bühler. (Bd. 762.)
Renaissance. Die R. Von Privatdoz. Dr. A. von Martin. (Bd. 730.)
Restauration u. Rev. f. Geschichte, dtsche.
Revolution. Geschichte der Französ. R. V. Prof. Dr. Th. Bitterauf. 2. Aufl. Mit 8 Bildn. (Bd. 346.)
— 1848. 6 Vorträge. Von Prof. Dr. O. Weber. 3. Aufl. (Bd. 53.)

Verzeichnis der bisher erschienenen Bände innerhalb der Wissenschaften alphabetisch geordnet

Rom. Das alte Rom. Von Geh. Reg.-Rat Prof. Dr. O. Richter. Mit Bilderanhang u. 4 Plänen. (Bd. 386.)
— Geschichte der römischen Republik. Von Privatdoz. Dr. A. Rosenberg. (838.)
— Soziale Kämpfe i. alt. Rom. V. Privatdozent Dr. L. Bloch. 4. Aufl. (Bd. 22.)
Rußland. Geschichte, Staat, Kultur. Von Dr. A. Luther. (Bd. 563.)
Schrift- und Buchwesen in alter und neuer Zeit. Von Geh. Studienr. Dr. O. Weise. 4. Aufl. Mit 37 Abb. (Bd. 4.)
— s. a. Buch. Wie ein B. entsteht. Abt. VI.
Schweiz. Die. Land, Volk, Staat u. Wirtschaft. Von Regierungsrat Dr. O. Wettstein. Mit 1 Karte. (Bd. 482.)
Seekrieg s. Kriegsschiff.
Slawen. Die S. Von Prof. Dr. P. Diels. (Bd. 740.)
Soziale Bewegungen und Theorien bis zur modernen Arbeiterbewegung. Von G. Maier. 8. Aufl. (Bd. 2.)
— s. a. Marx. Rom; Sozialism. Abt. VI.
Staat. St. u. Kirche in ihr. gegens. Verhältnis seit d. Reformation. V. Pfarrer Dr. phil. A. Pfannkuche. (Bd. 485.)
— siehe auch Verfassung, Volk.
Stadt. Dtsche. Städte u. Bürger i. Mittelalter. V. Geh. Reg.-Rat Oberschulrat Dr. B. Heil. 4. Aufl. (Bd. 43.)
— Verfassung u. Verwaltung d. deutschen Städte. V. Dr. M. Schmid. (Bd. 466.)
Sternglaube und Sterndeutung. Die Geschichte u. d. Wesen d. Astrologie. Unt. Mitwirk. v. Geh. Rat Prof. Dr. C. Bezold dargest. v. Geh. Hofr. Prof. Dr. Fr. Boll. M. 1 Sterntaf. u. 20 Abb. (638.)
Student. Der Leipziger, von 1409 bis 1909. Von Dr. W. Bruchmüller. Mit 25 Abb. (Bd. 273.)
Studententum. Geschichte d. deutschen St. Von Dr. W. Bruchmüller. (Bd. 477.)
Südamerika s. Amerika.
Türkei, Die. V. Reg.-Rat P. R. Krause. Mit 2 Karten. 2. Aufl. (Bd. 469.)
Urzeit s. german. Kultur in der U.
Verfassung. Die neue Reichsverfassung. Von Privatdoz. Dr. O. Bühler. (762.)

Verfassung. Deutsches Verfassungsrecht i. geschichtlicher Entwicklung. Von Prof. Dr. Ed. Hubrich. 2. Aufl. (Bd. 80.)
— Deutsche Verfassungsgeschichte v. Anfange d. 19. Jahrh. bis zur Gegenw. Von Prof. Dr. M. Stimming. (639.)
— s. a. Steuern, d. neuen. Abt. VI.
Vermessungs- u. Kartenkunde s. Kartent.
Volk. Vom deutschen V. zum dt. Staat. Eine Gesch. d. dt. Nationalbewußtseins. Von Prof. Dr. V. Joachimsen. 2. Aufl. (Bd. 511.)
Völkerkunde, Allgemeine. I: Feuer, Nahrungserwerb, Wohnung, Schmuck und Kleidung. Von Dr. A. Heilborn. M. 54 Abb. (Bd. 487.) II: Waffen u. Werkzeuge, Industrie, Handel u. Geld, Verkehrsmittel. Von Dr. A. Heilborn. M. 51 Abb. (Bd. 488.) III: Die geistige Kultur der Naturvölker. Von Prof. Dr. K. Th. Preuß. M. 9 Abb. (Bd. 452.)
Volksbräuche, deutsche, siehe Feste.
Volkskunde, Deutsche, im Grundriß. Von Prof. Dr. C. Reuschel. I. Allgemeines, Sprache, Volksdicht. M. 3 Fig. II. Glaube, Brauch, Kunst u. Recht. (Bd. 644/645.)
— s. auch Bauernhaus, Feste, Sternglaub., Volkstracht., Volksstämme.
Volksstämme, Die deutschen. u. Landschaften. V. Geh. Studr. Dr. O. Weise. 5. Afl. Mit 30 Abb. i. T. u. auf 20 Taf. u. 1 Dialektkarte Deutschlands. (Bd. 16.)
Volkstrachten, Deutsche. Von Pfarrer K. Spieß. Mit 11 Abb. (Bd. 342.)
Vorgeschichte Europas. Von Prof. Dr. H. Schmidt. (Bd. 571/572.)
Wiener Kongreß. Von Jena b. z. W. K. Von Prof. Dr. G. Roloff. (Bd. 465.)
Wirtschaftsgeschichte, Antike. V. Dr. O. Neurath. 2., umg. Aufl. (Bd. 258.)
— Vom Ausgange d. Antike bis zum Beginn d. 19. Jahrhunderts. (Mittlere Wirtschaftsgeschichte.) Von Prof. Dr. H. Sieveking. (Bd. ...)
— s. a. Antikes Leben n. d. ägypt. Papyri.
Wirtschaftsleben, Deutsches. Auf geogr. Grundl. gesch. V. Prof. Dr. Chr. Gruber. 4. Aufl. V. Dr. H. Reinlein. (42.)
— s. auch Abt. VI.

V. Mathematik, Naturwissenschaften und Medizin.

Aberglaube, Der, in der Medizin u. s. Gefahr f. Gesundh. u. Leben. V. Geh. Medizinalrat Prof. Dr. D. v. Hansemann. 2. Aufl. (Bd. 83.)
Abstammungs- und Vererbungslehre, Experimentelle. Von Prof. Dr. E. Lehmann. 2. Aufl. Mit 26 Abb. (Bd. 379.)
Abstammungslehre u. Darwinismus. V. B. Dr. R. Hesse. 5. A. M. 40 Abb. (Bd. 39.)
Abwehrkräfte des Körpers, Die. Eine Einführung in die Immunitätslehre. Von Prof. Dr. med. H. Kämmerer. 2. verb. Aufl. Mit 52 Abbildungen. (Bd. 479.)
Algebra siehe Arithmetik.
Alkoholismus. Der A. V. Privatdoz. Dr. G. B. Gruber. 2. verb. A. M. 7 Abb. (103.)

Anatomie d. Menschen, D. V. Hofrat Prof. Dr. K. v. Bardeleben. 6 Bde. Jeder Bd. m. zahlr. Abb. (Bd. 418/423.) I. Zelle und Gewebe, Entwicklungsgeschichte. Der ganze Körper. 3. Aufl. II. Das Skelett. 3. Aufl. III. Muskel- u. Gefäßsystem. 3. umg. Aufl. IV. Die Eingeweide (Darm, Atmungs-, Harn- und Geschlechtsorgane, Haut). 3. Aufl. V. Nervensystem und Sinnesorgane. 2. Aufl. VI. Mechanik (Statik u. Kinetik) d. menschl. Körpers (der Körper in Ruhe u. Bewegung.) 2. Aufl.
— siehe auch Wirbeltiere.
Aquarium, Das. Von E. W. Schmidt. Mit 15 Fig. (Bd. 335.)

Geschichte, Kulturgeschichte und Geographie — Mathematik, Naturwissenschaften und Medizin

Arbeitsleistungen des Menschen, Die. Einführ. in d. Arbeitsphysiologie. V. Prof. Dr. H. Boruttau. M. 14 Fig. (Bd. 539.)
— **Berufswahl, Begabung u. Arbeitsleistung** in i. gegens. Bezieh. V. W. J. Ruttmann. 2. Aufl. M. 7 Abb. (522.)

Arithmetik und Algebra zum Selbstunterricht. V. Geh. Studr. P. Crantz. 2 Bde. I.: Die Rechnungsarten. Gleichungen 1. Grades mit einer u. mehreren Unbekannten. Gleichungen 2. Grades. 7. Aufl. M. 9 Fig. i. Text. II.: Gleichungen, Arithmetik u. geometrische Reih. Zinseszins- u. Rentenrechn. Komplexe Zahlen. Binomischer Lehrsatz. 5. Aufl. Mit 21 Textfig. (Bd. 120, 205.)

Arzneimittel und Genußmittel. Von Prof. Dr. O. Schmiedeberg. (Bd. 363.)

Astronomie. Die A. in ihrer Bedeutung für das praktische Leben. Von Prof. Dr. A. Marcuse. 2. Aufl. M. 26 Abb. (378.)
— **Das astronomische Weltbild im Wandel der Zeit.** Von Prof. Dr. S. Oppenheim. I. Vom Altertum bis zur Neuzeit. 3. Aufl. M. 18 Abb. i. T. (Bd. 444.) II. Mod. Astronomie. 2. Aufl. Mit 9 Fig. i. T. u. 1 Taf. (Bd. 445.)
— siehe auch Mond, Planeten, Sonne, Weltall, Sternglaube. Abt. I.

Atome f. Materie.

Auge, Das, und die Brille. Von Prof. Dr. M. v. Rohr. 2. Aufl. Mit 84 Abb. u. 1 Lichtdrucktafel. (Bd. 372.)

Ausgleichungsrechn. f. Kartenkde. Abt. IV.

Bakterien, Die, im Haushalt und der Natur des Menschen. Von Prof. Dr. E. Gutzeit. 2. Aufl. Mit 13 Abb. (242.)
— **Die krankheiterregenden Bakterien.** Grundtatsachen d. Entsteh., Heilung u. Verhütung d. bakteriellen Infektionskrankheiten d. Menschen. V. Prof. Dr. M. Loehlein. 2. Aufl. M. 33 Abb. (Bd. 307.)
— f. a. Abwehrkräfte, Desinfektion, Pilze, Schädlinge.

Bau u. Tätigkeit d. menschl. Körpers. Einf. in die Physiologie d. Menschen. V. Prof. Dr. H. Sachs. 4. A. M. 34 Abb. (Bd. 32.)

Befruchtung und Vererbung. Von Dr. E. Teichmann. 3. Aufl. M. 3 Abb. (70.)

Bienen und Bienenzucht. Von Prof. Dr. E. Zander. Mit 41 Abb. (Bd. 705.)

Biochemie. Einführung in die B. in elementarer Darstellung. Von Prof. Dr. M. Löb. Mit 12 Fig. 2. Aufl. v. Prof. Dr. H. Friedenthal. (Bd. 352.)

Biologie, Allgemeine. Einführ. i. d. Hauptprobleme d. organ. Natur. V. Prof. Dr. H. Miehe. 3. A. M. 44 Abb. (Bd. 130.)
—, **Experimentelle.** Regeneration, Transplantat. u. verwandte Gebiete. V. Dr. C. Thesing. M. 1 Taf. u. 69 Textabb. (337.)
— siehe a. Abstammungslehre, Bakterien, Befruchtung, Fortpflanzung, Lebewesen, Organismen, Schädlinge, Tiere, Urtiere.

Blumen. Unsere Bl. u. Pflanzen im Garten. Von Prof. Dr. U. Dammer. Mit 69 Abb. (Bd. 360.)
— **Unf. Bl. u. Pflanzen i. Zimmer.** V. Prof. Dr. U. Dammer. M. 65 Abb. (Bd. 359.)

Blut. Herz, Blutgefäße und Blut und ihre Erkrankungen. Von Prof. Dr. H. Rosin. Mit 18 Abb. (Bd. 312.)

Botanik. B. d. praktischen Lebens. V. Prof. Dr. P. Giesevius. M. 24 Abb. (Bd. 173.)
— siehe Blumen, Lebewesen, Pflanzen, Pilze, Schädlinge, Tabak, Wald; Kolonialbotanik, Abt. VI.

Brille f. Auge u. d. Brille.

Chemie. Einführung in die allg. Ch. V. Studienrat Dr. B. Babink. 2. Aufl. Mit 24 Fig. (Bd. 582.)
— **Einführg. i. d. organ. Chemie**: Natürl. u. künstl. Pflanz.- u. Tierstoff. V. Studienrat Dr. B. Babink. 2. A. 9 Abb. (187.)
— **Einführ. i. d. anorgan. Chemie.** Von Studr. Dr. B. Babink. M. 31 Abb. (593.)
— **Einführung i. d. analyt. Chemie.** V. Dr. F. Rüsberg. I. Gang u. Theorie d. Analyse. Mit 15 Fig. II. B. Reaktionen. Mit 4 Fig. (524. 525.)
— **Die künstliche Herstellung von Naturstoffen.** V. Prof. Dr. E. Rüst. (Bd. 674.)
— **Ch. in Küche und Haus.** Von Dr. J. Klein. 4. Aufl. (Bd. 76.)
— siehe a. Biochemie, Elektrochemie, Luft, Photoch., Radium; Agrikulturch., Farben, Sprengstoffe, Technik, Chem. Abt. VI.

Chirurgie, Die, unserer Zeit. Von Prof. Dr. J. Feßler. Mit 52 Abb. (Bd. 339.)

Darwinismus. Abstammungslehre und D. Von Prof. Dr. R. Hesse. 5. Aufl. Mit 40 Textabb. (Bd. 39.)

Desinfektion. Sterilisation und Konservierung. Von Reg.- u. Med.-Rat Dr. O. Solbrig. M. 20 Abb. i. T. (Bd. 401.)

Differentialrechnung unter Berücksichtig. b. prakt. Anwendung in der Technik mit zahlr. Beispielen u. Aufgaben versehen. Von Studienrat Dr. M. Lindow. 3. A. M. 45 Fig. i. Text u. 161 Aufg. (387.)

Differentialgleichungen. Von Studienrat Dr. M. Lindow. (Bd. 589.)

Dynamik f. Mechanik. Thermodynamik.

Eiszeit, Die, u. der vorgesch. Mensch. Von Geh. Bergr. Prof. Dr. G. Steinmann. 2. Aufl. Mit 24 Abb. (Bd. 302.)

Elektrochemie u. ihre Anwendungen. Von Prof. Dr. K. Arndt. 2. Aufl. Mit 37 Abb. i. T. (Bd. 234.)

Elektrotechnik, Grundlagen der E. Von Oberingenieur A. Notth. 3. Aufl. (391.)

Energie. D. Lehre v. d. E. V. Oberlehr. A. Stein. 2. A. M. 13 Fig. (Bd. 257.)

Entwicklungsgeschichte d. Menschen. D. Von A. Heilborn. 2. Aufl. Mit 61 Abb. (Bd. 388.)

Ernährung und Nahrungsmittel. Von Geh. Reg.-Rat Prof. Dr. R. Kunz. 3. Aufl. Mit 6 Abb. i. T. u. 2 Taf. (19.)

Experimentalchemie f. Luft usw.

Experimentalphysik f. Physik.

Verzeichnis der bisher erschienenen Bände innerhalb der Wissenschaften alphabetisch geordnet

Farben f. Licht u. F.; f. a. Farben Abt. VI.
Festigkeitslehre. V. Gewerbeschulrat Baugewerkschuldir. Reg.-Baum. A. Schau. 2. Aufl. Mit 119 Figur. (Bd. 829.)
— siehe auch Mechanik, Statik.
Flechten siehe Pilze.
Fortpflanzung. F. und Geschlechtsunterschiede d. Menschen. Eine Einführung in die Sexualbiologie. V. Prof. Dr. H. Boruttau. 2. Aufl. M. 39 Abb. (Bd. 540.)
Garten. Der kleine. Von Fachlehrer für Gartenb. u. Kleintierz. Joh. Schneider. 2. Aufl. Mit 80 Abb. (Bd. 498.)
— f. a. Blumen, Pflanzen; Gartenkunst Abt. IV, Gartenstadtbewegung Abt. VI.
Geisteskrankheiten. Von Geh. Med.-Rat Dir. Dr. G. Ilberg. 2. Aufl. (151.)
Genußmittel siehe Arzneimittel u. Genußmittel; Tabak Abt. VI.
Geographie f. Abt. IV.
— Math. G. f. Erdk. Abt. IV.
Geologie. Allgemeine. V. Geh. Bergr. Prof. Dr. Fr. Frech. 6 Bde. (Bd. 207/211 u. Bd. 61.) I.: Vulkane einst und jetzt. 3. Aufl. M. Titelbild u. 78 Abb. II.: Gebirgsbau und Erdbeben. 3., wes. erw. Afl. M. Titelbild u. 57 Abb. III.: Die Arbeit des fließenden Wassers. 3. Aufl. M. 56 Abb. IV.: Die Bodenbildung, Mittelgebirgsformen u. Arbeit des Ozeans. 3., wes. Aufl. Mit 1 Titelbild u. 68 Abb. V. Steinkohle, Wüsten u. Klima der Vorzeit. 3. Aufl. Von Dr. J. Schmidt. M. 39 Abb. VI. Gletscher einst u. jetzt. 3. Aufl. M. 46 Abb. i. T.
— f. a. Kohlen, Salzlagerstätt. Abt. IV.
Geometrie. Analyt. G. d. Ebene z. Selbstunterricht. V. Geh. Studr. P. Crantz. 2. Aufl. Mit 55 Fig. (Bd. 504.)
— Einführung i. d. darstellende Geometr. Von Prof. P. B. Fischer. (Bd. 541.)
— Geom. Zeichnen. Von akad. Zeichenl. A. Schudeisky. Mit 172 Abb. i. Text u. a. 12 Taf. (Bd. 568.)
— f. auch Planimetrie, Trigonometrie.
Geomorphologie f. Erdkunde Abt. IV.
Geschlechtskrankheiten, Die, ihr Wesen, ihre Verbreit., Bekämpfg. u. Verhütg. Für Gebildete aller Stände bearb. v. Generalarzt Prof. Dr. W. Schumburg. 5. A. Mit 4 Abb. u. 1 mehrfarb. Taf. (251.)
Geschlechtsunterschiede f. Fortpflanzung.
Gesundheitslehre. V. Prof. Dr. H. Buchner. 4. Aufl. Von Obermed.-Rat Prof. Dr. M. v. Gruber. M. 26 Abb. (Bd. 1.)
— G. für Frauen. Von Dir. Prof. Dr. K. Vaisch. 2. Aufl. M. 11 Abb. (538.)
— Wie erhalte ich Körper und Geist gesund? Von Geh. Sanitätsrat Prof. Dr. F. A. Schmidt. (Bd. 600.)
— f. a. Abwehrkräfte, Bakterien, Leibesüb.
Graph. Darstellung, Die. V. Hofrat Prof. Dr. F. Auerbach. 2. Aufl. Mit 139 Figuren. (Bd. 437.)

Graphisches Rechnen. Von Oberlehrer O. Prölß. Mit 164 Fig. i. T. (Bd. 708.)
Haushalt siehe Bakterien, Chemie, Desinfektion, Naturwissenschaften, Physik.
Haustiere. Die Stammesgeschichte unserer H. Von Prof. Dr. C. Keller. 2. Aufl. Mit 29 Abb. i. Text. (Bd. 252.)
— f. a. Kleintierzucht, Tierzüchtg. Abt. VI.
Herz, Blutgefäße und Blut und ihre Erkrankungen. Von Prof. Dr. H. Rosin. Mit 18 Abb. (Bd. 312.)
Hygiene f. Schulhygiene, Stimme.
Hypnotismus und Suggestion. Von Dr. E. Trömner. 3. Aufl. (Bd. 199.)
Immunitätslehre f. Abwehrkräfte d. Körp.
Infinitesimalrechnung. Einführung in die J. B. Prof. Dr. G. Kowalewski. 3. Aufl. Mit 19 Fig. (Bd. 197.)
Integralrechnung unter Berücksichtigung der praktischen Anwendung in der Technik mit zahlr. Beisp. und Aufgaben verf. Von Studienrat Dr. M. Lindow. 2. Aufl. M. 43 Fig. u. 200 Aufg. (673.)
Kalender, Der. Von Prof. Dr. W. F. Wislicenus. 2. Aufl. (Bd. 69.)
Kälte, Die. Wesen, Erzeug. u. Verwert. Von Dr. H. Alt. 45 Abb. (Bd. 311.)
Kaufmännisches Rechnen f. Abt. VI.
Kinematographie f. Abt. VI.
Konservierung siehe Desinfektion.
Korallen u. and. gesteinbild. Tiere. V. Prof. Dr. W. May. Mit 45 Abb. (Bd. 231.)
Kosmetik. Ein kurzer Abriß der ärztlichen Verschönerungskunde. Von Dr. J. Saubel. Mit 10 Abb. im Text. (Bd. 489.)
Landmessung f. Kartenkunde Abt. IV.
Lebewesen, Die Beziehungen der Tiere und Pflanzen zueinander. Von Prof. Dr. K. Kraepelin. 2. Aufl. I. Der Tiere zueinander. M. 64 Abb. II. Der Pflanzen zueinander u. zu d. Tieren. Mit 68 Abb. (Bd. 426/427.)
— f. a. Biologie, Organismen, Schädlinge.
Leib und Seele in ihrem Verhältnis zueinander. Von Dr. phil. et med. G. Sommer. (Bd. 702.)
Leibesübungen, Die, und ihre Bedeutung für die Gesundheit. Von Prof. Dr. R. Sander. 4. Aufl. M. 20 Abb. (13.)
— f. auch Sport, Turnen.
Licht, Das, u. d. Farben. Einführung in die Optik. Von Prof. Dr. L. Graetz. 4. Aufl. Mit 100 Abb. (Bd. 17.)
Luft, Wasser, Licht und Wärme. Neun Vorträge aus d. Gebiete d. Experimentalchemie. V. Geh. Reg.-Rat Dr. R. Blochmann. 4. Aufl. M. 115 Abb. (Bd. 5.)
Luftstickstoff, d., u. f. Verwertg. V. Prof. Dr. K. Kaiser. 2. A. M. 13 Abb. (313.)
Maße und Messen. Von Dr. W. Block. Mit 34 Abb. (Bd. 385.)
Materie, Das Wesen d. M. V. Prof. Dr. G. Mie. I. Moleküle und Atome. 4. A. Mit 25 Abb. II. Weltäther und Materie. 4. Aufl. Mit Fig. (Bd. 58/59.)

Mathematik, Naturwissenschaften und Medizin

Mathematik. Einführung in die **Mathematik**. Von Studienrat W. Mendelsohn. Mit 42 Fig. (Bd. 503.)
— **Math. Formelsammlung.** Ein Wiederholungsbuch der Elementarmathematik. Von Prof. Dr. S. Jakobi. I. Arithmetik u. Algebra. II. Geometrie. (646/47.)
— **Naturwissenschaft, Mathem. u. Medizin i. klass. Altertum.** B. Prof. Dr. Joh. L. Heiberg. 2. Aufl. M. 2 Fig. (370.)
— **Praktische M.** Von Prof. Dr. R. Neuendorff. I. Graphische Darstellungen. Verkürztes Rechnen. Das Rechnen mit Tabellen. Mechanische Rechenhilfsmittel. Kaufmännisches Rechnen i. tägl. Leben. Wahrscheinlichkeitsrechnung. 2., verb. A. M. 29 Fig. i. T. u. 1 Taf. II. Geom. Zeichnen. Projektionsl. Flächenmessung. Körpermessung. M. 133 Fig. (341, 526.)
— **Mathemat. Spiele.** V. Dr. W. Ahrens. 4. Aufl. M. Titelb. u. 78 Fig. (Bd. 170.)
— f. a. Arithmetik, Differentialgleichung, Differentialrechnung, Vektorrechnung, Geometrie, Graphisches Rechnen, Infinitesimalrechnung, Integralrechnung, Perspektive, Planimetrie, Projektionslehre, Spiele, Trigonometrie.

Mechanik. B. Prof. Dr. G. Hamel. 3 Bde. I. Grundbegriffe der M. Mit 38 Fig. II. M. d. festen Körper. III. M. d. flüff. u. luftförm. Körper. (Bd. 684/686.)
— **Aufgaben aus d. techn. Mechanik** für den Schul- u. Selbstunterricht. V. Prof. R. Schmitt. I. Statik u. Festigkeitsl. 2. Aufl. Aufg. u. Lös. II. Dynamik u. Hydraulik. 140 Aufgab. u. Lösung. m. zahlr. Figur. i. Text. (Bd. 558, 559.)
— siehe auch Statik, Festigkeitslehre.

Medizin i. klass. Altertum s. Mathematik.
Meer. Das M., s. Erforsch. u. s. Leben. Von Prof. Dr. O. Janson. 3. A. M. 40 F. (Bd. 30.)
Mensch u. Erde. Skizzen v. d. Wechselbezieh. zwischen beiden. Von Geh. Rat Prof. Dr. A. Kirchhoff. 4. Aufl. (Bd. 31.)
— Natur u. Mensch siehe Natur.
— s. a. Eiszeit, Entwicklungsgesch., Urzeit.

Menschl. Körper. Bau u. Tätigkeit d. menschl. K. Einführ. i. d. Physiol. d. M. V. Prof. Dr. H. Sachs. 4. Aufl. M. 34 Abb. (32.)
— f. auch Anatomie, Arbeitsleistungen, Auge, Blut, Fortpflanzg., Herz, Nervensystem, Sinne, Verbildungen.

Mikroskop. Das. Seine wissenschaftlichen Grundlagen und seine Anwendung. Von Dr. A. Ehringhaus. Mit 76 Abb. (Bd. 678.)
Mikrotechnik. Einführung in die M. Von Dr. B. Franz und Dr. H. Schneider. (Bd. 765.)
Moleküle s. Materie.
Mond. Der. Von Prof. Dr. J. Franz. 2. Aufl. Mit 34 Abb. (Bd. 90.)
Nahrungsmittel s. Ernährung u. N.
Natur u. Mensch. V. Direkt. Prof. Dr. M. G. Schmidt. Mit 19 Abb. (Bd. 458.)

Naturlehre. Die Grundbegriffe der modernen N. Einführung in die Physik. Von Hofrat Prof. Dr. F. Auerbach. 4. Aufl. Mit 71 Fig. (Bd. 40.)
Naturphilosophie. Von Prof. Dr. J. M. Verweyen. 2. Aufl. (Bd. 491.)
Naturwissenschaft. Religion und N. in Kampf u. Frieden. V. Pfarrer Dr. A. Pfannkuche. 2. Aufl. (Bd. 141.)
— **N. und Technik.** Am sausenden Webstuhl d. Zeit. Übersicht üb. d. Wirkungen d. Naturw. u. Technik a. d. ges. Kulturleben. B. Geh. Reg.-Rat Prof. Dr. B. Launhardt. 3. Afl. M. 3 Abb. (23.)
— **N., Math. u. Medizin i. klass. Altertum.** B. Prof. Dr. J. L. Heiberg. 2. Aufl. Mit 2 Fig. (Bd. 370.)
Nerven. Vom Nervensystem, sein. Bau u. sein. Bedeutung für Leib u. Seele im gesund. u. krank. Zustande. V. Prof. Dr. R. Bander. 3. Aufl. M. 27 Abb. (Bd. 48.)
— siehe auch Anatomie.

Optik. Die opt. Instrumente. Lupe, Mikroskop, Fernrohr, photogr. Objektiv u. ihnen verwandte Instr. V. Prof. Dr. M. v. Rohr. 3. Aufl. M. 89 Abb. (88.)
— siehe auch Auge, Kinemat., Licht u. Farbe, Mikrosk., Spektroskopie, Strahlen.

Organismen. D. Welt d. O. In Entwickl. u. Zusammenh. dargest. V. Oberstudient. Prof. Dr. R. Lampert. M. 52 Abb. (236.)
Paläozoologie siehe Tiere der Vorwelt.
Perspektive, Die. Grundzüge d. P. nebst Anwendg. B. Prof. Dr. K. Doehlemann. 2. verb. Afl. M. 91 Fig. u. 11 Abb. (510.)
Pflanzen. Die fleischfress. Pfl. B. Prof. Dr. A. Wagner. M. 82 Abb. (Bd. 344.)
— **Uns. Blumen u. Pfl. i. Garten.** B. Prof. Dr. U. Dammer. M. 69 Abb. (Bd. 360.)
— **Uns. Blumen u. Pfl. i. Zimmer.** B. Prof. Dr. U. Dammer. M. 65 Abb. (Bd. 359.)
— **Werdegang u. Züchtungsgrundlagen d. landw. Kulturpflanzen.** V. Prof. Dr. A. Jade. Mit Abb. (Bd. 766.)
— f. auch Botanik, Garten, Lebewesen, Pilze, Schädlinge, Tabak; Kolonialbotanik. Abt. VI.

Pflanzenphysiologie. V. Dir. Prof. Dr. H. Molisch. Mit 63 Fig. (Bd. 569.)
Photochemie. V. Prof. Dr. G. Kümmell. 2. Afl. M. 32 Abb. i. T. u. a. 1 Taf. (227.)
Photogrammetrie s. Kartenkunde Abt. IV.
Photographie s. Abt. VI.
Physik. Werdegang d. mod. Ph. V. Studient. Dr. H. Keller. M. 13 Fig. (343.)
— **Experimentalphysik. Gleichgewicht u. Bewegung.** Von Geh. Reg.-Rat Prof. Dr. R. Börnstein. M. 90 Abb. (371.)
Physik. Ph. i. Küche u. Haus. V. Studient. H. Speitkamp. 2. Aufl. Mit 54 Abb. (Bd. 478.)
— **Große Physiker.** Von Prof. Dr. F. A. Schulze. 2. Aufl. Mit 6 Bildn. (324.)
— f. a. Energie, Materie, Mechanik, Naturlehre, Optik, Relativitätstheorie, Wärme.

Verzeichnis der bisher erschienenen Bände innerhalb der Wissenschaften alphabetisch geordnet

Pilze, Die. Von Dr. A. Eichinger. Mit 64 Abb. (Bd. 834.)
— **Pilze und Flechten.** Von Dr. W. Nienburg. (Bd. 675.)
— f. auch Bakterien.
Planeten, Die. Von Prof. Dr. B. Peter. 2. Aufl. Von Observator Dr. H. Naumann. Mit 16 Fig. (Bd. 240.)
Planimetrie z. Selbstunterr. V. Geh. Studr. P. Crantz. 2. Aufl. M. 94 Fig. (840.)
Praktische Mathematik f. Mathematik.
Projektionslehre. In kurzer leichtfaßlicher Darstellung f. Selbstunterr. u. Schulgebr. Von akad. Zeichenl. A. Schubeisky. Mit 208 Abb. i. Text. (Bd. 564.)
Psychopathologie siehe Seelenleben.
Radium, Das, u. d. Radioaktivität. Von Prof. Dr. M. Centnerszwer. 2. Aufl. Mit 33 Abbildungen. (Bd. 405.)
Rechenmaschinen, Die, und das Maschinenrechnen. Von Reg.-Rat Dipl.-Ing. K. Lenz. Mit 43 Abb. (Bd. 490.)
Rechenvorteile. Lehrbuch der R. Schnellrechnen und Rechenkunst. Von Ing. Dr. J. Bojko. M. zahlr. Übungsbeisp. (789.)
Relativitätstheorie. Einführ. in die. 2. verb. Aufl. M. 18 Fig. V. Dr. W. Bloch. (618.)
Röntgenstrahlen. D. R. u. ihre Anwendg. V. Dr. med. G. Bucky. M. 85 Abb. i. T. u. auf 4 Tafeln. (Bd. 556.)
Säuglingspflege. Von Dr. E. Kobrak. Mit 20 Abb. (Bd. 154.)
Schachspiel, Das, und seine strategischen Prinzipien. V. Dr. M. Lange. 3. Aufl. Mit 2 Bildn., 1 Schachbrettafel u. 43 Diagrammen. (Bd. 281.)
Schädlinge, Die, im Tier- u. Pflanzenreich u. i. Bekämpf. V. Geh. Reg.-Rat Prof. Dr. K. Eckstein. 3. A. M. 36 Fig. (18.)
Schnellrechnen f. Rechenvorteile.
Schulhygiene. Von Reg.-Rat Prof. Dr. L. Burgerstein. 4. Aufl. Mit 24 eingedr. Abb. (Bd. 96.)
Seelenleben. Die krankhaften Erscheinungen des S. Allg. Psychopathologie. Von Dr. phil. et med. E. Stern. (764.)
Sexualbiologie f. Fortpflanzung.
Sexualethik. V. Prof. Dr. H. E. Timerding. (Bd. 592.)
Sinne d. Menschn., D. Sinnesorgane u. Sinnesempfindungen. V. Hofrat Prof. Dr. F. Kreibig. 3. Aufl. M. 30 Abb. (27.)
Sonne, Die. Von Prof. Dr. A. Krause. Mit 64 Abb. (Bd. 857.)
Spektroskopie. Von Prof. Dr. L. Grebe. 2. A. M. 63 Fig. i. T. u. a. 2 Doppelt. (284.)
Spiele. Führer durch die Welt der Sp. Von Dir. Pastor F. Jahn. (Bd. 758.)
— f. auch Mathem. Spiele, Schachspiel.
Sport. Von Generalsekr. C. Diem. Mit 1 Titelb. u. 4 Spielpl. i. T. (Bd. 551.)
Sprache. Die menschl. Sprache. Ihre Entwicklung beim Kinde, ihre Gebrechen und deren Heilung. Von Lehrer K. Nickel. Mit 4 Abb. (Bd. 586.)

Sprache f. a. Rhetorik, Sprache. Abt. III.
Statik. V. Gewerbeschulrat Baugewerkschuldir. Reg.-Baum. A. Schau. 2. A. Mit 112 Figur. (Bd. 828.)
— siehe auch Festigkeitslehre, Mechanik.
Sterilisation siehe Desinfektion.
Stickstoff f. Luftstickstoff.
Stimme. Die menschl. St. u. ihre Hygiene. V. Geh. Med.-Rat Prof. Dr. P. H. Gerber. 3. Aufl. M. 21 Abb. (136.)
Strahlen. Sichtbare u. unsichtb. St. Von Geh. Reg.-Rat Prof. Dr. R. Börnstein. 3. Aufl. v. Prof. Dr. E. Regener. Mit 71 Abb. (Bd. 64.)
Suggestion. Hypnotismus und Suggestion. V. Dr. E. Trömner. 3. Aufl. (Bd. 199.)
Süßwasser-Plankton, Das. V. Prof. Dr. O. Zacharias. 2. A. 57 Abb. (Bd. 156.)
Tabak, Der. Von Jak. Wolf. 2. Aufl. Mit 17 Abb. i. T. (Bd. 416.)
Thermodynamik f. Abt. VI.
Tiere. T. der Vorwelt. Von Prof. Dr. O. Abel. Mit 31 Abb. (Bd. 399.)
— **Die Fortpflanzung der T.** Von Prof. Dr. R. Goldschmidt. Mit 77 Abb. (Bd. 253.)
— **Lebensbedingungen und Verbreitung der Tiere.** Von Prof. Dr. O. Maas. Mit 11 Karten und Abb. (Bd. 139.)
— **Zwiegestalt der Geschlechter in der Tierwelt (Dimorphismus).** Von Dr. Fr. Knauer. Mit 37 Fig. (Bd. 148.)
— f. Aquarium, Bakterien, Bienen, Haustiere, Korallen, Lebewes., Schädlinge, Urtiere, Vogelleb., Vogelzug, Wirbeltiere.
Tierzucht siehe Abt. VI: Kleintierzucht, Tierzüchtung.
Trigonometrie. Ebene. z. Selbstunterr. V. Geh. Studienr. P. Crantz. 3. Aufl. Mit 50 Fig. (Bd. 431.)
— **Sphärische Tr.** z. Selbstunterr. Von Geh. Studienr. P. Crantz. Mit 27 Figur. (Bd. 605.)
Tuberkulose, Die, Wesen, Verbreitung, Ursache, Verhütung und Heilung. Von Generalarzt Prof. Dr. W. Schumburg. 3. Aufl. M. 1 Taf. u. 8 Fig. (Bd. 47.)
Turnen. Von Prof. F. Eckardt. Mit 1 Bildnis Jahns. (Bd. 588.)
— f. auch Leibesübungen.
Urtiere, Die. V. Prof. Dr. R. Goldschmidt. 2. A. M. 44 Abb. (Bd. 160.)
Urzeit. Der Mensch d. U. Vier Vorlesung. aus der Entwicklungsgeschichte des Menschengeschlechts. Von Dr. A. Heilborn. 3. Aufl. Mit 47 Abb. (Bd. 62.)
Vektorrechnung. Einf. i. d. V. Von Prof. Dr. F. Jung. (Bd. 668.)
Verbildungen, Körperl., i. Kindesalt. u. ihre Verh. V. Dr. M. David. M. 26 Abb. (821.)

Mathematik, Naturwissenschaften und Medizin — Recht, Wirtschaft und Technik

Vererbung. Exp. Abstamms.- u. V.-Lehre. Von Prof. Dr. E. Lehmann. 2. Aufl. Mit 27 Abbildungen. (Bd. 379.)
— Geistige Veranlagung u. V. B. Dr. phil. et med. G. Sommer. 2. Aufl. (512.)
— siehe auch Befruchtung.
Vogelleben, Deutsches. Zugleich als Exkursionsbuch für Vogelfreunde. V. Prof. Dr. A. Voigt. 2. Aufl. (Bd. 221.)
Vogelzug und Vogelschutz. Von Dr. W. R. Eckardt. Mit 6 Abb. (Bd. 218.)
Wald, Der dtsche. V. Prof. Dr. H. Hausrath. 2. A. M. Bilderanh. u. 2 K. (153.)
Wärme. Die Lehre v. d. W. V. Geh. Reg.-Rat Prof. Dr. R. Börnstein. M. 33 Abb. 2. Aufl. v. Prof. Dr. A. Wigand. (172.)
— s. a. Luft; Wärmekraftmasch., Wärmelehre, techn. Thermodynamik Abt. VI.
Wasser, Das. Von Geh. Reg.-Rat Dr. G. Anselmino. Mit 44 Abb. (Bd. 291.)
Weidwerk, D. dtsche. V. Forstmstr. G. Frhr. v. Nordenflycht. M. Titelb. (Bd. 436.)
Weltall. Der Bau des W. Von Prof. Dr. J. Scheiner. 5. Aufl. Von Observ.-Prof. Dr. P. Guthnick. M. 28 Fig. (24.)
Weltäther s. Materie.

Weltbild. Das astronomische W. im Wandel der Zeit. Von Prof. Dr. S. Oppenheim. I. B. Altertum bis z. Neuzeit. 3. Aufl. Mit 19 Abb. II. Moderne Astronomie. 2. Aufl. Mit 9 Fig. i. Text u. 1 Taf. (Bd. 444/45.)
— siehe auch Astronomie.
Weltentstehung. Entstehung d. W. u. d. Erde nach Sage u. Wissensch. V. Prof. Dr. M. B. Weinstein. 3. Aufl. (Bd. 223.)
Weltuntergang in Sage und Wissenschaft. Von Prof. Dr. S. Oppenheim u. Prof. Dr. K. Ziegler. (Bd. 720.)
Wetter, Unser W. Einführ. i. d. Klimatol. Deutschl. V. Dr. R. Hennig. 2. Aufl. Mit 48 Abb. (Bd. 349.)
— Einführung in die Wetterkunde. Von Prof. Dr. L. Weber. 3. Aufl. Mit 28 Abb. u. 3 Taf. (Bd. 55.)
Wirbeltiere. Vergleichende Anatomie der Sinnesorgane der W. Von Prof. Dr. W. Lubosch. Mit 107 Abb. (Bd. 282.)
Zellen- und Gewebelehre siehe Anatomie des Menschen, Biologie.
Zoologie s. Abstammungsl., Aquarium, Bienen, Biologie, Schädlinge, Tiere, Urtiere, Vogelleben, Vogelzug, Weidwerk, Wirbeltiere.

VI. Recht, Wirtschaft und Technik.

Agrikulturchemie. Von Dr. P. Krische. 2. verb. Aufl. Mit 21 Abb. (Bd. 314.)
Angestellte siehe Kaufmännische A.
Antike Wirtschaftsgeschichte. Von Dr. O. Neurath. 2. umgearb. Aufl. (258.)
— siehe auch Antikes Leben Abt. IV.
Arbeiterschutz und Arbeiterversicherung. V. Geh. Hofrat Prof. Dr. O. v. Zwiedined-Südenhorst. 2. Aufl. (78.)
Arbeitsleistungen des Menschen. Die. Einführ. in d. Arbeitsphysiologie. V. Prof. Dr. H. Boruttau. M. 14 Fig. (Bd. 539.)
— Berufswahl, Begabung u. A. in ihren gegenseitigen Beziehungen. Von W. J. Ruttmann. 2. A. M. 7 Abb. (Bd. 522.)
Arzneimittel und Genußmittel. Von Prof. Dr. O. Schmiedeberg. (Bd. 363.)
Baukunde s. Eisenbetonbau.
Baukunst siehe Abt. III.
Beleuchtungswesen. Von Ing. Dr. H. Lux. Mit 54 Abb. (Bd. 433.)
Berufswahl siehe Arbeitsleistungen.
Bevölkerungswesen. Von Prof. Dr. L. von Bortkiewicz. (Bd. 670.)
Bierbrauerei. Von Dr. A. Bau. Mit 47 Abb. (Bd. 333.)
Bilanz s. Buchhaltung u. B.
Brauerei s. Bierbrauerei.
Buch. Wie ein B. entsteht. V. Prof. A. W. Unger. 5. Aufl. M. 9 Taf. u. 26 Abb. im Text. (Bd. 175.)
— s. a. Schrift- u. Buchwesen Abt. IV.

Buchhaltung u. Bilanz. Kaufm., und ihre Beziehungen z. buchhalter. Organisation, Kontrolle u. Statistik. V. Dr. P. Gerstner. 3. Afl. M. 4 schemat. Darst. (507.)
— Buchhalterische Organisation (Selbstkostenkontrollbuchführung). Von Dr. P. Gerstner. [In Vorb. 1921.]
Dampfkessel siehe Feuerungsanlagen.
Dampfmaschine, Die. Von Prof. Bergrat Proj. R. Vater. 2 Bde. I: Wirkungsweise d. Dampfes i. Kessel u. i. d. Masch. 4. Afl. M. 37 Abb. (393.) II: Ihre Gestalt u. Verwend. 3. Aufl. Von Privatdoz. Dr. F. Schmidt. M. 94 Abb. (394.)
Desinfektion. Sterilisation und Konservierung. Von Reg.- und Med.-Rat Dr. O. Solbrig. Mit 20 Abb. (Bd. 401.)
Drähte, Kabel, ihre Anfertig. u. Anwend. i. d. Elektrotech. V. Ober-Post-Insp. H. Brick. 2. Aufl. M. 43 Abb. (Bd. 285.)
Dynamit s. Mechanik, Thermodynamik.
Eisenbahnwesen, Das. Von Eisenbahnbau- u. Betriebsinsp. a. D. Dr.-Ing. E. Biedermann. 3. verb. A. M. 62 Abb. (144.)
Eisenbetonbau, Der. V. Dipl.-Ing. E. Haimovici. 2. Aufl. Mit 82 Abb. i. T. sowie 6 Rechnungsbeisp. (Bd. 275.)
Eisenhüttenwesen, Das. Von Geh. Bergr.-Prof. Dr. H. Wedding. 6. Aufl. v. d. Gen. aßf. F. W. Wedding. M. 20 Abb. (20.)
Elektrische Kraftübertragung, Die. V. Ing. F. Köhn. 2. Aufl. M. 133 Abb. (Bd. 424.)
— Maschinen. Von Dipl.-Ing. M. Liwschitz. (Bd. 774.)
Elektrochemie. Von Prof. Dr. K. Arndt. 2. Aufl. Mit 37 Abb. u. 1 T. (Bd. 234.)

Verzeichnis der bisher erschienenen Bände innerhalb der Wissenschaften alphabetisch geordnet

Elektrotechnik. Grundlagen d. G. B. Obering. A. Rotth. 3. A. M. 70 Abb. (391.)
— f. auch Drähte und Kabel, Maschinen, Telegraphie.
Erbrecht. Testamentserrichtung und G. Von Prof. Dr. F. Leonhard. (Bd. 429.)
Ernährung u. Nahrungsmittel f. Abt. V.
Farben u. Farbstoffe. F. Erzeug. u. Verwend. B.Dr.A. Zart. 31 Abb. (Bd. 488.)
— siehe auch Licht Abt. V.
Fernsprechtechnik f. Telegraphie.
Feuerungsanlagen, Industr., u. Dampfkessel. 2. Aufl. in Vorbereit. 1921. (Bd. 348.)
Fördereinrichtungen. Von Obering. O. Bechstein. (Bd. 726.)
Frauenbewegung siehe Abt. IV.
Funkentelegraphie siehe Telegraphie.
Fürsorge f. Kriegsbeschädigtenfürf., Kinderfürsorge.
Gartenstadtbewegung, Die. Von Landeswohnungsinspektor Dr. H. Kampffmeyer. 2.Aufl. M. 43 Abb. (Bd. 259.)
Gefängniswesen f. Verbrechen.
Geldwesen, Zahlungsverkehr u. Vermögensverwalt. Von G. Maier. 2. Aufl. (398.)
— siehe auch Münze Abt. IV.
Genußmittel f. Arzneimittel, Tabak.
Gewerblicher Rechtsschutz i. Deutschland. B. Ing. Patentanw. B. Tolksdorf. (138.)
— siehe auch Urheberrecht.
Graphische Darstell., Die. Eine allgemeinverst. Einführ. i. d. Sinn u. d. Gebrauch d. Methode. Von Hofrat Prof. Dr. F. Auerbach. 2. Afl. M. 139 Abb. (437.)
Handel. Geschichte d. Welth. Von Realghmnasialdirektor Prof. Dr. M. G. Schmidt. 3. Aufl. (Bd. 118.)
— Geschichte d. dtsch. Handels seit b. Ausgang d. Mittelalt. B. Dir. Prof. Dr. W. Langenbeck. 2. A. M. 16 Tab. (237.)
Handfeuerwaffen, Die. Entwickl. u. Techn. B. Major R. Weiß. 69 Abb. (Bd. 364.)
Handwerk, D. deutsche, in f. kulturgeschichtl. Entwicklg. B. Geh. Schulr. Dir. Dr. K. Otto. 5. A. M. 23 Abb. a. 8. Taf. (14.)
Haushalt f. Desinfekt., Chemie, Physik; Nahrungsm. Bakter. Abt. V.
Häuserbau siehe Beleuchtungswesen, Wohnungswesen.
Hebezeuge. Hilfsmitt. z. Heben fester, flüss. u. gasf. Körper. B. Geh. Bergrat Prof. R. Vater. 2. Aufl. M. 67 Abb. (196.)
Holz, Das H., seine Bearbeitung u. seine Verwendg. B. Insp. I. Großmann. Mit 39 Originalabb. f. T. (Bd. 473.)
Hotelwesen, Das. Von B. Damm-Etienne. Mit 30 Abb. (Bd. 331.)
Hüttenwesen siehe Eisenhüttenwesen.
Ingenieurtechnik. Schöpfungen d. I. der Neuzeit. Von Geh. Regierungsrat M. Geitel. Mit 32 Abb. (Bd. 28.)
Instrumente siehe Optische I.

Kabel f. Drähte und K.
Kälte, Die, ihr Wesen, i. Erzeug. u. Verwertg. B. Dr. H. Alt. M. 45 Abb. (311.)
Kaufmann. Das Recht des K. Ein Leitfaben f. Kaufleute, Studier. u. Juristen. B. Justizrat Dr. M. Strauß. (Bd. 409.)
Kaufmännische Angestellte. D. Recht d. k. A. B. Justizr. Dr. M. Strauß. (361.)
Kaufmännisches Rechnen. Von Oberlehrer K. Dröll. (Bd. 724.)
— Höhere kaufm. Arithmetik. Von Prof. F. Koburger. (Bd. 725.)
— Lehrbuch der Rechenvorteile. Schnellrechnen u. Rechenkunst. Von Ing. Dr. F. Boito. M. zahlr. Übungsbeisp. (739.)
— f. auch Rechenmaschine.
Kinderfürsorge. B. Prof. Dr. Chr. F. Klumker. (Bd. 620.)
Kinematographie. Von Dr.H. Lehmann. 2. Aufl. B. Dr. W. Merté. Mit 68 zum Teil neuen Abb. (Bd. 358.)
Klein- u. Straßenbahnen, Die. B. Obering. a. D. Oberlehrer A. Liebmann. Mit 85 Abb. (Bd. 322.)
Kleintierzucht, Die. Von Fachl. f. Gartenbau und Kleintierzucht Joh. Schneider. Mit 59 Fig. i. T. u. a. 6 Taf.
— siehe auch Tierzüchtung. [(Bd. 604.)
Kohlen, Unsere. B. Bergass. B. Kukuk. 2. verb. Aufl. Mit 49 Abb. i. Tert u. 1 Taf. (Bd. 396.)
Kolonialbotanik. Von Prof. Dr. F. Tobler. Mit 21 Abb. (Bd. 184.)
Kolonisation, Innere. Von A. Brenning. (Bd. 261.)
Konservierung siehe Desinfektion.
Konsumgenossenschaft, Die. Von Prof. Dr. F. Staudinger. 2. Aufl. (Bd. 222.)
— f. auch Mittelstandsbewegung, Wirtschaftliche Organisationen.
Kraftanlagen siehe Dampfmaschine, Feuerungsanlagen und Dampfkessel, Wärmekraftmaschine, Wasserkraft.
Kraftübertragung, Die elekt. B. Ing. B. Köhn. 2. Afl. M. 133 Abb. (Bd. 424.)
Krieg. Kulturgeschichte d. K. B. Prof. Dr. K. Weule, Geh. Hofrat Prof. Dr. E. Bethe, Prof. Dr. B. Schmeidler, Prof. Dr. A. Doren, Prof. D. B. Herre. (Bd. 561.)
Kriegsbeschädigtenfürsorge. In Verbindung mit Med.-Rat, Oberstabsarzt u. Chefarzt Dr. Rebentisch, Gewerbeschulbir. L. Back, Direktor des Städt. Arbeitsamts Dr. B. Schlotter hersg. v. Prof. Dr. S. Kraus, Leit. b. Städt. Fürsorgeamts für Kriegshinterblieb. in Frankfurt a. M. 2 Abbildgst. (523.)
Kriegsschiffe, Unsere. B. Geh. Marinebaur. a. D. E. Krieger. 2. Afl. v. Marinebaur. Fr. Schürer. M. 62 Abb. (389.)

Kriminalistik, Moderne. Von Amtsrichter Dr. A. Hellwig. M. 18 Abb. (Bd. 476.)
— f. a. Verbrechen, Verbrecher.

Landwirtschaft, Die deutsche. V. Dr. W. Claaßen. 2. Aufl. Mit 15 Abb. u. 1 Karte. (Bd. 215.)
— f. auch Agrikulturchemie, Kleintierzucht, Luftstickstoff, Tierzüchtung; Haustiere, Pflanzen, Tierkunde. Abt. V.

Landwirtschaftl. Maschinenkunde. V. Geh. Reg.-Rat Prof. Dr. G. Fischer. 2. Afl. Mit 64 Abbildungen. (Bd. 316.)

Luftfahrt, Die, ihre wissenschaftlichen Grundlagen und ihre technische Entwicklung. Von Dr. R. Nimführ. 3. Aufl. v. Dr. Fr. Huth. M. 60 Abb. (Bd. 300.)

Luftstickstoff, Der, u. f. Verw. V. Prof. Dr. K. Kaiser. 2. A. M. 13 Abb. (313.)

Marx, Karl. Versuch e. Würdigung. V. Prof. Dr. R. Wilbrandt. 4. A. (621.)
— f. auch Sozialismus.

Maschinen f. Dampfmaschine, Elektrische Maschinen, Hebezeuge, Landwirtsch. Maschinenkunde, Wärmekraftmaschinen, Wasserkraftausnutzung, Fördereinrichtg.

Maschinenelemente. Von Geh. Bergrat Prof. R. Vater. 3. A. M. 175 Abb. (Bd. 301.)

Maße und Meßen. Von Dr. W. Block. Mit 34 Abb. (Bd. 385.)

Mechanik. V. Prof. Dr. G. Hamel. 3 Bde. I. Grundbegriffe d. M. Mit 38 Fig. II. M. der festen Körper. III. M. d. flüff. u. luftförm. Körper. (Bd. 684/686.)
— **Aufgaben aus der technischen M.** f. d. Schul- u. Selbstunterr. V. Prof. N. Schmitt. M. zahlr. Fig. I. Statik u. Festigkeitslehre. 2. Aufl. M. zahlr. Aufg. u. Lösungen. II. Dynamik u. Hydraulik. 140 Ausg. u. Lös. (Bd. 558/559.)

Metallurgie. Von Dr.-Ing. G. Nagel. I. Leicht- u. Edelmetalle. II. Schwermetalle. (Bd. 446/447.)

Miete, Die, nach d. BGB. Ein Handbüchlein f. Juristen, Mieter u. Vermiet. V. Justizrat Dr. W. Strauß. 2. A. (194.)

Milch, Die, und ihre Produkte. Von Dr. A. Reitz. Mit 16 Abb. (Bd. 362.)

Mittelstandsbewegung, Die moderne. Von Dr. L. Müffelmann. (Bd. 417.)
— fiehe Konsumgenoff., Wirtschaftl. Org.

Nahrungsmittel f. Abt. V.

Naturwissensch. u. Technik. Am sauf. Webstuhl d. Zeit. übers. üb. d. Wirtsgn. d. Entw. d. N. u. T. a. b. ges. Kulturleb. V. Geh. Reg.-Rat Prof. Dr. W. Launhardt. 3. Aufl. Mit 3 Abb. (Bd. 23.)

Nautik. V. Dir. Dr. I. Möller. 2. Aufl. Mit 64 Fig. i. T. u. 1 Seekarte. (255.)

Optischen Instrumente, Die. Lupe, Mikroskop, Fernrohr, photogr. Objektiv u. ihnen verw. Instr. Von Prof. Dr. M. v. Rohr. 3. Aufl. M. 89 Abb. (Bd. 88.)

Organisationen, Die wirtschaftlichen. Von Prof. Dr. E. Lederer. (Bd. 428.)

Ostmark, Die. Eine Einführ. i. d. Probleme ihrer Wirtschaftsgesch. Hrsg. von Prof. Dr. W. Mitscherlich. (Bd. 351.)

Patente u. Patentrecht f. Gewerbl. Rechtsch.

Perpetuum mobile, Das. V. Dr. Fr. Ichak. Mit 38 Abb. (Bd. 462.)

Photochemie. Von Prof. Dr. G. Kümmell. 2. Aufl. Mit 23 Abb. i. Text u. auf 1 Tafel. (Bd. 227.)

Photographie, Die, ihre wissensch. Grundl. u. i. Anwendg. V. Dipl.-Ing. Dir. Dr. O. Prelinger. 2. A. M. 64 Abb. (414.)
— **Die künstlerische Ph.** Ihre Entwicklung, ihre Probleme, ihre Bedeutung. Von Studienrat Dr. W. Warstat. 2. verb. Aufl. Mit Bilderanh. (Bd. 410.)

Postwesen, Das. Von Oberpostrat O. Sieblist. 2. Aufl. (Bd. 182.)

Rechenmaschinen, Die, und das Maschinenrechnen. Von Reg.-Rat Dipl.-Ing. K. Lenz. Mit 43 Abb. (Bd. 490.)

Rechnen siehe kaufm. Rechnen.

Recht. Rechtsfragen des täglichen Lebens in Familie und Haushalt. Von Justizrat Dr. W. Strauß. (Bd. 219.)
— **Rechtsprobleme, Mod.** V. Geh. Justizr. Prof. Dr. J. Kohler. 2. Aufl. (Bd. 128.)
— f. auch Erbrecht, Gewerbl. Rechtsschutz, Kaufmann, Kaufm. Angest., Kriminalistik, Miete, Urheberrecht, Verbrechen, Verfassungsrecht, Zivilprozeßrecht.

Reichsverfassung siehe Verfassung.

Salzlagerstätten, Die deutschen. Ihr Vorkommen, ihre Entstehung und die Verwertung ihrer Produkte in Industrie und Landwirtschaft. Von Dr. E. Riemann. Mit 27 Abb. (Bd. 407.)
— siehe auch Geologie Abt. V.

Schmuck., Die, u. d. Schmucksteinindustr. V. Dr. A. Eppler. M. 64 Abb. (Bd. 376.)

Soziale Bewegungen u. Theorien b. z. mod. Arbeiterbew. V. G. Maier. 8. A. (Bd. 2.)
— f. a. Arbeiterschutz u. Arbeiterversicher.

Sozialismus. Die gr. Sozialisten. Von Dr. Fr. Muckle. 4. Aufl. I. Owen, Fourier, Proudhon. II. Saint-Simon, Pecqueur, Buchez, Blanc, Robbertus, Weitling, Marx, Lassalle. (269, 270.)
— f. auch Marx; Rom, Soz. Kämpfe i. alt. R. Abt. IV.

Spinnerei, Die. Von Dir. Prof. M. Lehmann. Mit 35 Abb. (Bd. 338.)

Sprengstoffe, ihre Chemie u. Technologie. V. Geh. Reg.-Rat Prof. Dr. R. Biebermann. 2. Aufl. M. 12 Fig. (286.)

Staat siehe Abt. IV.

Statik. V. Gewerbeschulrat Reg.-Baum. Baugewerkschuldir. A. Schau. II. Mit 112 Fig. i. Text. (Bd. 828.)
— f. auch Festigkeitslehre, Mechanik.

Verzeichnis der bisher erschienenen Bände innerhalb der Wissenschaften alphabetisch geordnet

Statistik. B. Prof. Dr. S. Schott. 2. Afl. (Bd. 442.)
Steuern, Die neuen Reichsst. Von Rechtsanwalt Dr. E. Decke. (Bd. 767.)
Strafe und Verbrechen. Geschichte u. Organis. d. Gefängniswes. B. Strafanstaltsdir. Dr. med. P. Pollitz. (Bd. 323.)
Straßenbahnen, Die Klein- u. Straßenb. Von Oberingenieur a. D. Oberlehrer A. Liebmann. M. 85 Abb. (Bd. 322.)
Tabak, Der. Anbau, Handel u. Verarbeit. B. Jac. Wolf. 2., verb. u. ergänzte Aufl. Mit 17 Abb. (Bd. 416.)
Technik. Einführung in d. T. Von Geh. Reg.-Rat Prof. Dr. H. Lorenz. M. 77 Abb. im Text. (Bd. 729.)
— Die chemische T. Von Dr. A. Müller. 2. Aufl. Mit Abb. (Bd. 191.)
Techn. Zeichnen s. Zeichnen.
Telegraphie. D. Telegraph.- u. Fernsprechw. B. Oberpostr. O. Sieblist. 2. A. (183.)
— Telegraphen- und Fernsprechtechnik in ihrer Entwicklung. B. Oberpost-Insp. H. Brick. 2. A. Mit 65 Abb. (Bd. 235.)
— Die Funkentelegr. B. Telegr.-Dir. H. Thurn. 5. Aufl. M. 51 Abb. (Bd. 167.)
— siehe auch Drähte und Kabel.
Testamentserrichtung und Erbrecht. Von Prof. Dr. F. Leonhard. (Bd. 429.)
Thermodynamik, Praktische. Aufgaben u. Beispiele zur technischen Wärmelehre. Von Geh. Bergrat Prof. Dr. R. Vater. Mit 40 Abb. i. Text u. 3 Taf. (Bd. 596.)
— siehe auch Wärmelehre.
Tierzüchtung. Von Tierzuchtdirektor Dr. G. Wilsdorf. 2. Aufl. M. 23 Abb. auf 12 Taf. u. 2. Fig. i. T. (Bd. 369.)
— siehe auch Kleintierzucht.
Uhr, Die. Grundlagen u. Technik d. Zeitmessg. B. Prof. Dr.-Ing. H. Bock. 2., umgearb. Aufl. Mit 55 Abb. i. T. (216.)
Urheberrecht. D. Recht a. Schrift- u. Kunstw. B. Rechtsanw. Dr. R. Mothes. (435.)
— siehe auch gewerblich. Rechtsschutz.
Verbrechen, Straf- und B. Geschichte u. Organisation d. Gefängniswesens. B. Strafanst.-Dir. Dr.med. P. Pollitz. (Bd. 323.)
— Moderne Kriminalistik. B. Amtsrichter Dr. A. Hellwig. M. 18 Abb. (Bd. 476.)
Verbrecher, Die Psychologie des V. (Kriminalpsych.) B. Strafanstaltsdir. Dr. med. P. Pollitz. M. 5 Diagr. (Bd. 248.)
Verfassung, Die neue Reichsverfassung. B. Privatdoz. Dr. O. Bühler. (Bd. 762.)
— siehe auch Steuern, die neuen Reichsst.

Verfassung. Verfaß. u. Verwalt. d. deutsch. Städte. Von Dr. M. Schmid. (466.)
— Deutsch. Verfaßgsr. i. geschichtl. Entw. B. Prof. Dr. E. Hubrich. 2.A. (Bd. 80.)
— Deutsche Verfassungsgeschichte vom Anfange des 19. Jahrh. b. z. Gegenw. B. Prof. Dr. M. Stimming. (639.)
Verlehrsentwicklung i. Deutschl. seit 1800 fortgef. b. z. Gegenw. Von Geh. Hofr. Prof. Dr. W. Lotz. 4., verb. Afl. (15.)
Versicherungswesen. Grundzüge des V. (Privatversicher.). Von Prof. Dr. A. Manes. 3., veränd. Aufl. (Bd. 105.)
Volkswirtschaftslehre. Grundzüge der V. Von Prof. Dr. G. Jahn. (Bd. 593.)
Wald, Der deutsche. B. Prof. Dr. Hausrath. 2. A. Bilderanh. u. 2 Kart. (153.)
Wärmekraftmaschinen, Die neueren. Von Geh. Bergrat Prof. R. Vater. 2 Bde. I: Einführung in die Theorie u. d. Bau d. Gasmasch. 5. Aufl. M. 41 Abb. (Bd. 21.) II: Gaserzeuger, Großgasmasch. Dampf- u. Gasturb. 4. Aufl. M. 43 Abb. (Bd. 86.)
Wärmelehre, Einf. i. d. techn. (Thermodynamik). B. Geh. Bergrat Prof. R. Vater. 2. Afl. von Dr. F. Schmidt. (516.)
— s. auch Thermodynamik.
Wasser, Das. Von Geh. Reg.-Rat Dr. O. Anselmino. Mit 44 Abb. (Bd. 291.)
— s.a. Luft, Wass., Licht, Wärme Abt. V.
Wasserkraftausnutzung u. -maschinen, B. Dr.-Ing. F. Lawaczek. (Bd. 732.)
Weidwerk. D. d'sche. B. Forstmeist. E. Frhr. v. Norbenflycht. M. Titelb. (436.)
Weinbau und Weinbereitung. Von Dr. F. Schmitthenner. 34 Abb. (Bd. 332.)
Wirtschaftlichen Organisationen, Die. B. Prof. Dr. E. Lederer. (Bd. 423.)
— f. Konsumgenoss., Mittelstandsbeweg.
Wirtschaftsgeographie. Von Prof. Dr. F. Heiderich. (Bd. 633.)
Wirtschaftsgeschichte vom Ausgange d. Antike bis zum Beginn des 19. Jahrhunderts. (Mittl. Wirtschaftsgeschichte.) B. Prof. Dr. H. Sieveking. (577.)
— s. a. Antike W., Ostmark.
Wirtschaftsleben, Deutsch. Auf geograph. Grundl. gesch. v. Prof. Dr. Chr. Gruber. 4. A. v. Dr. H. Reinlein. (42.)
— Die Entwicklung des deutschen Wirtschaftslebens i. letzten Jahrh. B. Geh. Reg.-Rat Prof. Dr. L. Pohle. 4.A. (57.)
Wohnungswesen. Von Prof. Dr. R. Eberstadt. (Bd. 709.)
Zeichnen, Techn. B. Reg.- u. Gewerbeschulrat. Prof. Dr. R. Horstmann. (Bd. 548.)
Zeitungswesen. B. Dr. H. Diez. 2. Aufl. (Bd. 328.)
Zivilprozeßrecht, Das deutsche. Von Justizrat Dr. M. Strauß. (Bd. 315.)

═══ **Weitere Bände sind in Vorbereitung.** ═══

MIX
Papier aus verantwortungsvollen Quellen
Paper from responsible sources
FSC® C105338

If you have any concerns about our products,
you can contact us on
ProductSafety@springernature.com

In case Publisher is established outside the EU,
the EU authorized representative is:
**Springer Nature Customer Service Center GmbH
Europaplatz 3, 69115 Heidelberg, Germany**

Printed by Libri Plureos GmbH
in Hamburg, Germany